Endliche Modelltheorie

Stefan Geschke

Endliche Modelltheorie

Stefan Geschke
Hamburg, Deutschland

ISBN 978-3-662-68321-7 ISBN 978-3-662-68322-4 (eBook)
https://doi.org/10.1007/978-3-662-68322-4

Die Deutsche Nationalbibliothek verzeichnet diese Publikation in der Deutschen Nationalbibliografie; detaillierte bibliografische Daten sind im Internet über http://dnb.d-nb.de abrufbar.

© Der/die Herausgeber bzw. der/die Autor(en), exklusiv lizenziert an Springer-Verlag GmbH, DE, ein Teil von Springer Nature 2023

Das Werk einschließlich aller seiner Teile ist urheberrechtlich geschützt. Jede Verwertung, die nicht ausdrücklich vom Urheberrechtsgesetz zugelassen ist, bedarf der vorherigen Zustimmung des Verlags. Das gilt insbesondere für Vervielfältigungen, Bearbeitungen, Übersetzungen, Mikroverfilmungen und die Einspeicherung und Verarbeitung in elektronischen Systemen.
Die Wiedergabe von allgemein beschreibenden Bezeichnungen, Marken, Unternehmensnamen etc. in diesem Werk bedeutet nicht, dass diese frei durch jedermann benutzt werden dürfen. Die Berechtigung zur Benutzung unterliegt, auch ohne gesonderten Hinweis hierzu, den Regeln des Markenrechts. Die Rechte des jeweiligen Zeicheninhabers sind zu beachten.
Der Verlag, die Autoren und die Herausgeber gehen davon aus, dass die Angaben und Informationen in diesem Werk zum Zeitpunkt der Veröffentlichung vollständig und korrekt sind. Weder der Verlag noch die Autoren oder die Herausgeber übernehmen, ausdrücklich oder implizit, Gewähr für den Inhalt des Werkes, etwaige Fehler oder Äußerungen. Der Verlag bleibt im Hinblick auf geografische Zuordnungen und Gebietsbezeichnungen in veröffentlichten Karten und Institutionsadressen neutral.

Planung/Lektorat: Nikoo Azarm
Springer Spektrum ist ein Imprint der eingetragenen Gesellschaft Springer-Verlag GmbH, DE und ist ein Teil von Springer Nature.
Die Anschrift der Gesellschaft ist: Heidelberger Platz 3, 14197 Berlin, Germany

Das Papier dieses Produkts ist recyclebar.

Vorwort

Dieses Buch basiert auf dem Skript zu einer Vorlesung über endliche Modelltheorie an der Freien Universität Berlin und dient als eine kurze Einführung in das Thema. Vorausgesetzt wird dabei eine gewisse Vertrautheit mit mathematischer Notation und grundlegenden Konzepten, wie zum Beispiel Mengen, die man in einer einführenden Mathematikvorlesung für Studierende der Mathematik, Informatik oder der Naturwissenschaften erwirbt. Ausdrücklich nicht vorausgesetzt werden Kenntnisse in mathematischer Logik.

Hamburg
April 2023

Stefan Geschke

Inhaltsverzeichnis

1 Einleitung

Die Modelltheorie studiert mathematische Strukturen mit Hilfe von Logik. Während in der klassischen Modelltheorie das Hauptaugenmerk auf unendlichen Strukturen liegt, befasst sich die endliche Modelltheorie mit endlichen Strukturen, wie sie zum Beispiel in der Graphentheorie, der Gruppentheorie und der Theorie der Datenbanken vorkommen. Da sich endliche Strukturen algorithmisch untersuchen lassen, hat die endliche Modelltheorie enge Verbindungen zur Informatik.

1.1 Prädikatenlogik und endliche Strukturen

Ein wichtiges Thema der Modelltheorie ist der Zusammenhang zwischen formalen Ausdrücken und ihren Modellen. Während in anderen Bereichen der Wissenschaft ein Modell eine Theorie ist, die ein untersuchtes System beschreibt, ist in der mathematischen Logik ein Modell eines formalen Ausdrucks oder einer Theorie eine Struktur, die den Ausdruck beziehungsweise die Theorie erfüllt. Die formale Sprache der Mathematik ist üblicher Weise die Sprache der Prädikatenlogik der ersten Stufe, in der nur Quantoren über die Elemente einer Struktur vorkommen, also Quantoren der Form „es gibt ein Element x“ und „für alle Elemente x“. Der Grund für die Popularität der erststufigen Logik ist der Vollständigkeitssatz, also die Tatsache, dass es für die Prädikatenlogik der ersten Stufe Beweiskalküle gibt, so dass sich eine Aussage genau dann im Kalkül aus gewissen Axiomen ableiten lässt, wenn die Aussage in jeder Struktur gilt, die die Axiome erfüllt. Beschränkt man sich hierbei jedoch auf endliche Strukturen, so gibt es keine angemessenen Beweiskalküle mehr. Das folgt aus dem Satz von Trahtenbrot, der besagt, dass nicht algorithmisch entscheidbar ist, welche Aussagen ein endliches Modell haben. Der Satz von Trahtenbrot aus dem Jahr 1950 kann als eines der ersten Resultate der endlichen Modelltheorie angesehen werden.

© Der/die Autor(en), exklusiv lizenziert an Springer-Verlag GmbH, DE, ein Teil von Springer Nature 2023

S. Geschke, *Endliche Modelltheorie*, https://doi.org/10.1007/978-3-662-68322-4_1

In der zweitstufigen Prädikatenlogik sind auch Quantoren über Teilmengen von oder Relationen auf Strukturen erlaubt. In der Prädikatenlogik zweiter Stufe kann man zum Beispiel die Struktur der natürlichen Zahlen mit Hilfe der Peano-Axiome so axiomatisieren, dass es bis auf Isomorphie wirklich nur eine Struktur gibt, die diese Axiome erfüllt. In der Prädikatenlogik der ersten Stufe ist das nicht möglich: es gibt Strukturen, die nicht isomorph zur Struktur der natürlichen Zahlen sind, die aber genau dieselben erststufigen Aussagen erfüllen. Ein großer Nachteil der zweitstufigen Prädikatenlogik ist die Tatsache, dass es auch hierfür keine angemessenen Beweiskalküle gibt. Außerdem lässt sich die Gültigkeit einer zweitstufigen Aussage in einer unendlichen Struktur unter Umständen nur schwer feststellen, weil man nicht sinnvoll auf jede der überabzählbar vielen Teilmengen der Struktur zugreifen kann.

Werden nur endliche Strukturen betrachtet, so fällt die letztgenannte Schwierigkeit aber weg. Für endliche Strukturen lässt sich algorithmisch feststellen, ob die Struktur eine gegebene zweitstufige Aussage erfüllt oder nicht. Allerdings heißt das nicht, dass sich die Gültigkeit auch schnell feststellen lässt. Zum Beispiel kann man leicht eine zweitstufige Aussage angeben, die ausdrückt, dass ein Graph einen hamiltonschen Kreis besitzt, also eine Rundfahrt, bei der jede Ecke genau einmal besucht wird. Es ist kein Algorithmus bekannt, der dieses Problem in polynomieller Zeit in Abhängigkeit von der Anzahl der Ecken des Graphen löst. Die Überprüfung, ob eine endliche Struktur eine gegebene erst- oder zweitstufige Aussage erfüllt, heißt Model Checking. Für feste erststufige Aussagen lässt sich das Model Checking in polynomieller Zeit in Abhängigkeit von der Größe der zu überprüfenden Struktur durchführen.

Die Ausdrucksstärke der zweitstufigen Prädikatenlogik erlaubt es, Eigenschaften endlicher Strukturen zu beschreiben, die sich mit erststufigen Aussagen nicht fassen lassen. Zum Beispiel lässt sich erststufig im Allgemeinen nicht ausdrücken, dass eine Struktur eine gerade Anzahl von Elementen hat. Zweitstufig lässt sich das sehr wohl ausdrücken, etwa indem man formalisiert, dass es auf der Struktur eine Äquivalenzrelation gibt, deren Äquivalenzklassen alle genau zwei Elemente haben. Zweitstufig lässt sich auch sagen, dass ein Graph zusammenhängend ist, was erststufig ebenfalls nicht möglich ist. Gäbe es eine erststufige Aussage, die ausdrückt, dass ein Graph einen hamiltonschen Kreis hat, so könnte man auch in polynomieller Zeit feststellen, ob ein Graph einen hamiltonschen Kreis besitzt.

Aus der Form einer Aussage, die eine Eigenschaft endlicher Strukturen ausdrückt, lassen sich also Rückschlüsse über die algorithmische Komplexität der Eigenschaft ziehen. Die deskriptive Komplexitätstheorie untersucht genau diese Zusammenhänge. Ein zentrales Resultat der deskriptiven Komplexitätstheorie ist der Satz von Fagin, der besagt, dass die Eigenschaften endlicher Strukturen, die sich mit einer nicht-deterministen Turing-Maschine in polynomieller Zeit überprüfen lassen, genau diejenigen Eigenschaften sind, die sich mit einem zweitstufigen Existenzquantor gefolgt von einer erststufigen Formel ausdrücken lassen. Der Satz von Fagin liefert also eine sehr elegante Beschreibung der Klasse NP der Entscheidungsprobleme, die sich in polynomieller Zeit mit einer nicht-deterministischen Turing-Maschine lösen lassen.

1.2 Was steht in dem Buch?

Wir führen zunächst die formale Sprache der Mathematik ein und erklären die Bedeutung, also die Semantik, formaler Ausdrücke. Die grundlegenden Sätze der mathematischen Logik wie zum Beispiel den Vollständigkeitssatz und den Kompaktheitssatz benötigen wir eigentlich nicht. Diese Sätze werden aber in Kap. 2 zitiert, um die Ergebnisse der endlichen Modelltheorie in einen größeren Zusammenhang einzuordnen. Die Beweise dieser Sätze findet man zum Beispiel in [1]

Nach diesen einführenden Betrachtungen werden Methoden vorgestellt, mit denen man zeigen kann, dass sich gewisse Eigenschaften endlicher Strukturen nicht mittels erststufiger Aussagen axiomatisieren lassen. Das sind in Kap. 3 zunächst die Ehrenfeucht-Fraïssé-Spiele, mit denen sich entscheiden lässt, ob zwei Strukturen dieselben erststufigen Aussagen einer festen Komplexität erfüllen. Als Folgerung ergibt sich, dass die Kreisfreiheit endlicher Graphen und auch deren Zusammenhang sich nicht erststufig axiomatisieren lässt. In Kap. 4 diskutieren wir 0-1-Gesetze, die im wesentlichen besagen, dass entweder fast alle endlichen Strukturen über einem Vokabular ohne Funktionssymbole eine gewisse erststufige Eigenschaft haben oder fast alle solcher Strukturen die Eigenschaft nicht haben. Daraus folgt zum Beispiel, dass sich nicht axiomatisieren lässt, dass eine endliche Struktur eine gerade Anzahl von Elementen hat.

Die restlichen Kapitel lassen sich der deskriptiven Komplexitätstheorie zuordnen. In Kap. 5 führen wir die zweitstufige Prädikatenlogik ein und beweisen den Satz von Büchi, auch Satz von Büchi, Elgot und Trahtenbrot genannt, der einen Zusammenhang zwischen endlichen Automaten und der monadischen zweitstufigen Logik herstellt, in der nur zweitstufige Quantoren über Teilmengen von Strukturen erlaubt sind, aber nicht über mehrstellige Relationen. Kap. 6 ist dem oben schon angesprochenen Satz von Trahtenbrot gewidmet. In diesem Kapitel führen wir auch ein Berechnungsmodell ein, nämlich Turing-Maschinen, und zeigen, wie man Berechnungen von Turing-Maschinen mittels endlicher Strukturen beschreiben kann.

In Kap. 7 führen wir Model Checking für erst- und zweitstufige Aussagen auf endlichen Strukturen mit Hilfe von Turing-Maschinen durch und beweisen den Satz von Fagin. Schließlich führen wir die Least-Fixed-Point-Logik (LFP-Logik) ein, eine Einschränkung der vollen zweitstufigen Logik, und beweisen, dass sich genau diejenigen Eigenschaften endlicher Strukturen mittels der LFP-Logik beschreiben lassen, die sich in polynomieller Zeit mit einer deterministischen Turing-Maschine überprüfen lassen. Wie schon bei den 0-1-Gesetzen funktioniert die in Kap. 7 vorgestellte Theorie nur für Strukturen, in denen nur Relationen und Konstanten auftreten, aber keine Funktionen.

Umfassendere Darstellungen der endlichen Modelltheorie liefern die englischsprachigen Bücher von Ebbinghaus und Flum [2] und von Libkin [3]. Die Grundlagen der theoretischen Informatik finden sich in [4].

2 Erststufige Logik und endliche Strukturen

2.1 Strukturen

Ein **Vokabular** τ ist eine endliche Menge bestehend aus Relationssymbolen P, Q, $R, \ldots$, Funktionssymbolen $f, g, h, \ldots$ und Konstantensymbolen $c, d, \ldots$ Zu jedem Relations- und Funktionssymbol gehört eine natürliche Zahl ≥ 1, seine **Stelligkeit.**

Fixiere ein Vokabular τ. Eine **Struktur** $\mathcal{A}$ für τ (eine τ**-Struktur**) ist eine Menge A zusammen mit

(S1) Relationen $R^{\mathcal{A}} \subseteq A^n$ für jedes n-stellige Relationssymbol $R \in \tau$,
(S2) Funktionen $f^{\mathcal{A}} : A^m \to A$ für jedes m-stellige Funktionssymbol $f \in \tau$ und
(S3) Konstanten $c^{\mathcal{A}} \in A$ für jedes Konstantensymbol $c \in \tau$.

Oft identifiziert man eine Struktur $\mathcal{A}$ mit ihrer unterliegenden Menge A, schreibt also A anstatt $\mathcal{A}$. Das ist übliche Praxis in der Algebra, wo man etwa von einer Gruppe G spricht, wenn eigentlich eine Struktur $(G, \cdot)$ (oder auch $(G, \cdot, 1, {}^{-1})$) gemeint ist, aber weniger üblich in der Graphentheorie, wo man gerne einen Graphen $G = (V, E)$ betrachtet.

Außerdem werden wir manchmal die Interpretation $R^{\mathcal{A}}$, $f^{\mathcal{A}}$ oder $c^{\mathcal{A}}$ eines Symbols R, f oder c ebenfalls mit R, f oder c bezeichnen.

Eine τ-Struktur $\mathcal{B}$ heißt **Unterstruktur** von $\mathcal{A}$, falls

(U1) die $\mathcal{B}$ unterliegende Menge B eine Teilmenge von A ist,
(U2) jede Relation $R^{\mathcal{B}}$ die Einschränkung von $R^{\mathcal{A}}$ auf B ist,
(U3) jede Funktion $f^{\mathcal{B}}$ die Einschränkung von $f^{\mathcal{A}}$ auf B ist und
(U4) jede Konstante $c^{\mathcal{B}}$ mit $c^{\mathcal{A}}$ übereinstimmt.

© Der/die Autor(en), exklusiv lizenziert an Springer-Verlag GmbH, DE, ein Teil von Springer Nature 2023

S. Geschke, *Endliche Modelltheorie*, https://doi.org/10.1007/978-3-662-68322-4_2

Beachte, dass (U3) impliziert, dass B unter allen Funktionen $f^{\mathcal{A}}$ abgeschlossen ist. Analog folgt aus (U4), dass alle Konstanten $c^{\mathcal{A}}$ Elemente von B sind.

Zwei τ-Strukturen $\mathcal{A}$ und $\mathcal{B}$ sind **isomorph,** wenn eine Bijektion $i : A \to B$ existiert, so dass

(I1) für jedes n-stellige Relationssymbol $R \in \tau$ und alle $a_1, \dots, a_n \in A$

$$(a_1, \dots, a_n) \in R^{\mathcal{A}} \Leftrightarrow (i(a_1), \dots, i(a_n)) \in R^{\mathcal{B}}$$

gilt,

(I2) für jedes n-stellige Funktionssymbol $f \in \tau$ und alle $a_1, \dots, a_n \in A$

$$i(f^{\mathcal{A}}(a_1, \dots, a_n)) = f^{\mathcal{B}}(i(a_1), \dots, i(a_n))$$

gilt und

(I3) für jedes Konstantensymbol $c \in \tau$

$$i(c^{\mathcal{A}}) = c^{\mathcal{B}}$$

gilt.

2.2 Formeln

Eine **erststufige Formel** über τ ist eine Zeichenkette über dem Alphabet

$$\{\exists, \vee, \neg, =, (,)\} \cup \tau \cup \mathrm{Var},$$

wobei Var die unendliche Menge der Variablen ist. Wir setzen implizit voraus, dass die Mengen $\{\exists, \vee, \neg, =, (,)\}$, τ und Var paarweise disjunkt sind. Variablen werden typischer Weise mit $x, y, z, \dots$ bezeichnet. Bevor wir genauer sagen, was Formeln sind, definieren wir **Terme.**

Ein Term über τ ist eine Zeichenkette, die sich durch endlich viele Anwendungen folgender Regeln gewinnen lässt:

(T1) Alle Konstantensymbole in τ und alle Variablen sind Terme.

(T2) Sind $t_1, \dots, t_n$ Terme und ist $f \in \tau$ ein n-stelliges Funktionssymbol, so ist $f(t_1, \dots, t_n)$ ein Term.

Eine erststufige Formel über τ ist eine Zeichenkette, die sich durch endlich viele Anwendungen folgender Regeln gewinnen lässt:

(F1) Sind t_1 und t_2 Terme über τ, so ist $(t_1 = t_2)$ eine Formel.

(F2) Ist $R \in \tau$ ein n-stelliges Relationssymbol und sind $t_1, \ldots, t_n$ Terme über τ, so ist $R(t_1, \ldots, t_n)$ eine Formel.
(F3) Ist φ eine Formel, so auch $\neg\varphi$.
(F4) Sind φ und ψ Formeln, so ist auch $(\varphi \vee \psi)$ eine Formel.
(F5) Ist φ eine Formel und x eine Variable, so ist $\exists x\varphi$ eine Formel.

Sind φ und ψ Formeln, so benutzen wir $(\varphi \wedge \psi)$, $(\varphi \to \psi)$, $(\varphi \leftrightarrow \psi)$ bzw. $\forall x\varphi$ als Abkürzungen für $\neg(\neg\varphi \vee \neg\psi)$, $(\neg\varphi \vee \psi)$, $\neg(\neg(\neg\varphi \vee \psi) \vee \neg(\varphi \vee \neg\psi))$ bzw. $\neg\exists x\neg\varphi$. Die **logischen Verknüpfungen** $\neg$, $\wedge$, $\vee$, $\to$ und so weiter heißen auch **Boolesche Operatoren.** Kombiniert man mehrere Formeln mittels Boolescher Operatoren, so spricht man von einer **Booleschen Kombination.** Ein **Boolescher Ausdruck** ist eine Boolesche Kombination von Aussagenvariablen, die als Platzhalter für Aussagen dienen.

Außerdem werden Klammern weggelassen, solange das die Lesbarkeit nicht stört, oder Klammern hinzugefügt, wenn das die Lesbarkeit erhöht.

Eine Variable x kommt in einer Formel φ **frei** vor, wenn x in φ außerhalb des Einflussbereiches eines Quantors $\exists x$ oder $\forall x$ vorkommt. Eine Formel ohne freie Variablen ist eine **Aussage.**

Wir benutzen die Notation $\varphi(x_1, \ldots, x_n)$ um anzudeuten, dass $x_1, \ldots, x_n$ paarweise verschiedene Variablen sind und alle freien Variablen von φ unter den Variablen $x_1, \ldots, x_n$ sind. Analog schreiben wir für einen Term $t(x_1, \ldots, x_n)$ um anzudeuten, dass die x_i paarweise verschieden sind und alle in t vorkommenden Variablen unter den x_i sind.

2.3 Semantik

Fixiere eine τ-Struktur $\mathcal{A} = (A, \ldots)$. Für einen τ-Term $t(x_1, \ldots, x_n)$ und $a_1, \ldots, a_n \in A$ definiert man $t(a_1, \ldots, a_n)$ (oder genauer, $t^{\mathcal{A}}(a_1, \ldots, a_n)$) wie folgt:

(TA1) $x_i(a_1, \ldots, a_n) := a_i$
(TA2) Ist $c \in \tau$ ein Konstantensymbol, so sei $c(a_1, \ldots, a_n) := c^{\mathcal{A}}$.
(TA3) Ist $f \in \tau$ ein m-stelliges Funktionssymbol und sind $t_1(x_1, \ldots, x_n), \ldots, t_m(x_1, \ldots, x_n)$ Terme, so sei

$$f(t_1, \ldots, t_m)(a_1, \ldots, a_n) := f^{\mathcal{A}}(t_1(a_1, \ldots, a_n), \ldots, t_m(a_1, \ldots, a_n)).$$

Schließlich definieren wir für jede Formel $\varphi(x_1, \ldots, x_n)$ und alle $a_1, \ldots, a_n \in A$ die **Gültigkeit** von $\varphi(a_1, \ldots, a_n)$ in $\mathcal{A}$:

(FG1) Für Terme $t_1(x_1, \ldots, x_n)$ und $t_2(x_1, \ldots, x_n)$ gilt $(t_1 = t_2)(a_1, \ldots, a_n)$ genau dann in $\mathcal{A}$, wenn $t_1(a_1, \ldots, a_n) = t_2(a_1, \ldots, a_n)$ ist.

(FG2) Für Terme $t_1(x_1, \ldots, x_n), \ldots, t_m(x_1, \ldots, x_n)$ und ein m-stelliges Relationssymbol R gilt $R(t_1, \ldots, t_m)(a_1, \ldots, a_n)$ genau dann in $\mathcal{A}$, wenn

$$(t_1(a_1, \ldots, a_n), \ldots, t_m(a_1, \ldots, a_n)) \in R^{\mathcal{A}}$$

ist.

(FG3) Für Formeln $\varphi(x_1, \ldots, x_n)$ und $\psi(x_1, \ldots, x_n)$ gilt $(\varphi \vee \psi)(a_1, \ldots, a_n)$ genau dann in $\mathcal{A}$, wenn $\varphi(a_1, \ldots, a_n)$ oder $\psi(a_1, \ldots, a_n)$ in $\mathcal{A}$ gilt.

(FG4) Für eine Formel $\varphi(x_1, \ldots, x_n)$ gilt $\neg\varphi(a_1, \ldots, a_n)$ genau dann in $\mathcal{A}$, wenn $\varphi(a_1, \ldots, a_n)$ nicht in $\mathcal{A}$ gilt.

(FG5) Für eine Formel $\varphi(x, x_1, \ldots, x_n)$ gilt $\exists x\varphi(a_1, \ldots, a_n)$ genau dann in $\mathcal{A}$, wenn es ein $a \in A$ gibt, so dass $\varphi(a, a_1, \ldots, a_n)$ in $\mathcal{A}$ gilt.

Wenn $\varphi(a_1, \ldots, a_n)$ in $\mathcal{A}$ gilt, so schreiben wir $\mathcal{A} \models \varphi(a_1, \ldots, a_n)$.

Die Gültigkeitsrelation lässt sich auch für unendliche Formelmengen leicht definieren. Sei $a : \mathrm{Var} \to A$ eine beliebige Abbildung, eine **Belegung** der Variablen mit Elementen von A. Weiter sei Φ eine Menge von Formeln über τ. Dann gilt Φ genau dann in $\mathcal{A}$ unter der Belegung a, wenn für jede Formel $\varphi(x_1, \ldots, x_n) \in \Phi$ gilt:

$$\mathcal{A} \models \varphi(a(x_1), \ldots, a(x_n))$$

In diesem Falle schreibt man $\mathcal{A} \models \Phi[a]$. Gilt Φ in $\mathcal{A}$ unter jeder Belegung, so schreibt man $\mathcal{A} \models \Phi$.

Man beachte, dass die Gültigkeit einer Menge von Aussagen in $\mathcal{A}$ unabhängig von der Belegung ist. Ist $i : A \to B$ ein Isomorphismus zwischen den τ-Strukturen $\mathcal{A}$ und $\mathcal{B}$, so induziert jede Belegung $a : \mathrm{Var} \to A$ eine Belegung $b := i \circ a : \mathrm{Var} \to B$, so dass für jede Menge Φ von Formeln gilt:

$$\mathcal{A} \models \Phi[a] \Leftrightarrow \mathcal{B} \models \Phi[b]$$

Insbesondere erfüllen isomorphe Strukturen dieselben Aussagen.

Das Symbol $\models$ wird auch für die **semantische Konsequenzrelation** benutzt. Seien Φ und Ψ Mengen von Formeln über τ. Dann **folgt** Ψ aus Φ, wenn für alle τ-Strukturen $\mathcal{A}$ und alle Belegungen b gilt:

$$\mathcal{A} \models \Phi[b] \Rightarrow \mathcal{A} \models \Psi[b]$$

In diesem Falle schreibt man $\Phi \models \Psi$.

Auf beiden Seiten von $\models$ dürfen auch einzelne Formeln stehen. Die Bedeutung ist die naheliegende.

2.4 Klassische Sätze der erststufigen Logik und endliche Strukturen

Wir fixieren wieder ein (endliches) Vokabular τ. Im Folgenden sind alle Formeln Formeln über τ und alle Strukturen τ-Strukturen. Eine der wesentlichen Stärken der erststufigen Logik ist, dass sich die Relation $\models$ zwischen Formelmengen auch rein syntaktisch definieren lässt. Genauer, mit Hilfe eines geeigneten Kalküls führt man eine (formale) Ableitbarkeitsrelation $\vdash$ zwischen Formelmengen ein. Eine Formel ψ ist aus einer Formelmenge Φ ableitbar, wenn ψ aus Φ durch Anwendung gewisser syntaktischer Regeln hervorgeht (durch „Symbolgeschiebe").

Den Zusammenhang zwischen $\models$ und $\vdash$ stellt der **Vollständigkeitssatz** her:

Satz 2.1 Für Formelmengen Φ und Ψ gilt $\Phi \models \Psi$ genau dann, wenn $\Phi \vdash \Psi$ gilt.

(Die Beweise der Sätze in diesem Kapitel findet man, sofern sie nicht angegeben oder mit einer anderen Referenz versehen sind, in einführenden Texten über mathematische Logik, zum Beispiel in [1].)

Man kann den Vollständigkeitssatz auch etwas anders formulieren. Eine Struktur A zusammen mit einer Belegung a der Variablen mit Elementen von A ist **Modell** einer Formelmenge Φ, wenn $A \models \Phi[a]$ gilt. Φ ist **erfüllbar,** wenn Φ ein Modell hat. Eine Formelmenge Φ ist **widerspruchsfrei,** wenn sich aus Φ nicht jede Formel (insbesondere kein Widerspruch) ableiten lässt.

Satz 2.2 Eine Formelmenge Φ ist genau dann widerspruchsfrei, wenn Φ erfüllbar ist.

Beweist man den Vollständigkeitssatz in dieser Form, so erhält man üblicher Weise automatisch den **Satz von Löwenheim-Skolem** in seiner schwächsten Form:

Satz 2.3 Ist Φ erfüllbar, so hat Φ ein abzählbares Modell.

Man beachte dabei, dass auch endliche Strukturen abzählbar sind.

Formales Ableiten kann man leicht einem Computer beibringen. Insbesondere gibt es ein Computerprogramm, das alle wahren Aussagen (über einem festen Vokabular) aufzählt. Dabei ist eine Aussage **wahr,** wenn sie aus der leeren Menge folgt. Eine Menge L von Wörtern heißt **rekursiv aufzählbar,** wenn es ein Computerprogramm gibt, das nach und nach genau die Elemente von L ausgibt. Wir werden diesen Begriff in Kap. 5 noch genauer diskutieren.

Satz 2.4 Die Menge der wahren Aussagen ist rekursiv aufzählbar.

Da die Ableitung einer Formel ψ aus einer Formelmenge Φ endliche Länge hat und damit nur endlich viele Formeln aus Φ benutzt, folgt aus dem Vollständigkeitssatz der **Kompaktheitssatz:**

Satz 2.5 Sei Φ eine Formelmenge, ψ eine Formel. Gilt $\Phi \models \psi$, so hat Φ eine endliche Teilmenge Φ_0, so dass bereits $\Phi_0 \models \psi$ gilt.

Insbesondere ist eine Formelmenge Φ genau dann erfüllbar, wenn jede endliche Teilmenge von Φ erfüllbar ist.

Was passiert, wenn man sich in der Definition von $\models$ auf endliche Strukturen beschränkt? Für zwei Formelmengen Φ und Ψ sei $\Phi \models_{\text{endlich}} \Psi$ genau dann, wenn für jede endliche Struktur A und jede Belegung a der Variablen mit Elementen von A gilt:

$$A \models \Phi[a] \Rightarrow A \models \Psi[a]$$

Wie üblich dürfen auch einzelne Formeln auf beiden Seiten von $\models_{\text{endlich}}$ stehen.

Die Relation $\models_{\text{endlich}}$ verhält sich deutlich schlechter als $\models$. Zum Beispiel lässt sich kein Kalkül angeben, mit dem man $\models_{\text{endlich}}$ auf syntaktische Weise beschreiben kann. Das folgt aus dem Satz von Trahtenbrot:

Satz 2.6 Falls τ mindestens ein zweistelliges Relationssymbol enthält, so ist die Menge der Aussagen über τ, die für alle endlichen τ-Strukturen gelten, nicht rekursiv aufzählbar.

Wir werden diesen Satz später beweisen.

Auch der Kompaktheitssatz (Satz 2.5) scheitert im endlichen. Betrachte nämlich für jedes $n > 0$ die Aussage

$$\varphi_{\geq n} := \exists x_1 \ldots \exists x_n („x_1, \ldots, x_n \text{ sind paarweise verschieden“})$$

Dann hat jede endliche Teilmenge der Menge $\Phi := \{\Phi_n : n > 0\}$ ein endliches Modell, die gesamte Menge Φ jedoch nicht.

2.5 Modellklassen

Wir fixieren wieder ein Vokabular τ. Für eine Menge von Sätzen Φ über τ sei

$$\text{Mod}(\Phi) := \{A : A \text{ ist endliche } \tau\text{-Struktur mit } A \models \Phi\}$$

die **Modellklasse** von Φ.

Man beachte, dass Modellklassen unter Isomorphie abgeschlossen sind. Im Folgenden werden wir stillschweigend voraussetzen, dass alle betrachteten Klassen von Strukturen unter Isomorphie abgeschlossen sind, d. h., für jede Klasse K von Strukturen, alle $A \in K$ und alle Strukturen B mit $A \cong B$ nehmen wir $B \in K$ an.

Für jede endliche τ-Struktur A ist die Klasse der zu A isomorphen τ-Strukturen Modellklasse einer einzelnen Formel φ_A über τ. Außerdem kann man leicht für jede natürliche Zahl n eine Formel $\varphi_{=n}$ hinschreiben, deren Modellklasse die Klasse der τ-Strukturen mit genau n Elementen ist.

Satz 2.7 Jede Klasse K von endlichen τ-Strukturen ist Modellklasse einer Menge Φ von Aussagen über τ.

Beweis Wir haben vorausgesetzt, dass K unter Isomorphie abgeschlossen ist. Man beachte, dass es für jedes n bis auf Isomorphie nur endlich viele τ-Strukturen der Mächtigkeit n gibt. Damit existiert eine Formel ψ_n, die besagt, dass eine τ-Struktur A eine der endlich vielen (bis auf Isomorphie) Strukturen in K mit Mächtigkeit n ist, falls A selbst n Elemente hat. K ist die Modellklasse von $\Phi := \{\psi_n : n \in \mathbb{N}\}$. □

Dieser Satz ist der Grund dafür, warum man sich in der endlichen Modelltheorie nicht für die Frage interessiert, ob eine Klasse von Strukturen durch eine Menge erststufiger Aussagen axiomatisierbar ist, also ob die Klasse die Modellklasse einer Menge von Aussagen ist.

3 Ehrenfeucht-Fraïssé-Spiele

Die wichtigste Methode, um zu zeigen, dass sich gewisse Klassen endlicher Strukturen nicht einfach beschreiben lassen, sind die sogenannten Ehrenfeucht-Fraïssé-Spiele.

Wir beschränken uns auf Vokabulare ohne Funktionssymbole. Man beachte, dass sich jede n-stellige Funktion als $n + 1$-stellige Relation auffassen lässt. Allerdings macht es einen Unterschied, ob man eine Funktion als Funktion realisiert oder als Relation, wenn man Substrukturen betrachtet. Substrukturen sind unter den Funktionen auf der Struktur abgeschlossen, nicht jedoch unter Funktionen, die wir als Relationen realisiert haben.

3.1 Elementare Klassen

Wir nennen eine Klasse K von endlichen Strukturen **erststufig axiomatisierbar** oder **elementar,** wenn K die Modellklasse einer einzelnen erststufigen Aussage φ ist[1].

Um für eine gegebene Klasse K endlicher Strukturen zu zeigen, dass K nicht elementar ist, muss man für jede Aussage φ über dem entsprechenden Vokabular zeigen, dass $K \neq \text{Mod}(\varphi)$ ist. Dazu ist es nützlich, den **Quantorenrang** einer Formel einzuführen.

Formeln, die keine Quantoren enthalten, haben den Quantorenrang 0. Der Quantorenrang von $\varphi \vee \psi$ ist das Maximum der Quantorenränge von φ und ψ. Der

[1] Man beachte, dass in der klassischen (also unendlichen) Modelltheorie eine Klasse K von Strukturen über einem festen Vokabular elementar beziehungsweise erststufig axiomatisierbar heißt, wenn sie die Modellklasse einer Menge erststufiger Aussagen ist.

© Der/die Autor(en), exklusiv lizenziert an Springer-Verlag GmbH, DE, ein Teil von Springer Nature 2023

S. Geschke, *Endliche Modelltheorie*, https://doi.org/10.1007/978-3-662-68322-4_3

Quantorenrang von $\neg\varphi$ ist einfach der Quantorenrang von φ. Der Quantorenrang von $\exists x\varphi$ ist um eins größer als der Quantorenrang von φ.

Zwei Strukturen A und B sind m-**äquivalent,** falls A und B dieselben erststufigen Aussagen vom Quantorenrang $\leq m$ erfüllen. In diesem Falle schreiben wir $A \equiv_m B$.

Das Standardverfahren, die Nichtelementarität einer gegebenen Klasse endlicher Strukturen zu zeigen, liefert

Lemma 3.1 *Sei K eine Klasse endlicher Strukturen. Angenommen, für jedes $m \in \mathbb{N}$ existieren endliche Strukturen A und B mit $A \in K$, $B \notin K$ und $A \equiv_m B$. Dann ist K nicht erststufig axiomatisierbar.*

Beweis Sei φ eine erststufige Aussage und m der Quantorenrang von φ. Angenommen, $K = \text{Mod}(\varphi)$. Sei $A \in K$ und $B \notin K$ mit $A \equiv_m B$. Wegen $A \models \varphi$ gilt auch $B \models \varphi$. Also ist $B \in \text{Mod}(\varphi)$. Wegen $B \notin K$ ist $K \neq \text{Mod}(\varphi)$, ein Widerspruch. □

Wie wir später sehen werden, gilt auch die Umkehrung dieses Lemmas.

3.2 Der Satz von Ehrenfeucht

Intuitiv sind zwei Strukturen A und B m-äquivalent, wenn sie „lokal" gleich aussehen, wobei die genaue Bedeutung von „lokal" von m abhängt.

Partielle Isomorphismen

Sei p eine Abbildung von einer Teilmenge von A in eine Teilmenge von B. Wir schreiben $\text{dom}(p)$ für den Definitionsbereich von p und $\text{ran}(p)$ für das Bild von p. Die Abbildung p ist ein **partieller Isomorphismus,** falls gilt:

(PI1) p ist injektiv.
(PI2) Für alle Konstantensymbole c ist $c^A \in \text{dom}(p)$ und $p(c^A) = c^B$.
(PI3) Für jedes n-stellige Relationssymbol R und alle $a_1, \ldots, a_n \in \text{dom}(p)$ gilt

$$(a_1, \ldots a_n) \in R^A \Leftrightarrow (p(a_1), \ldots, p(a_n)) \in R^B.$$

Für $\overline{a} = (a_1, \ldots, a_n) \in A^n$ und $\overline{b} = (b_1, \ldots, b_n) \in B^n$ schreiben wir $\overline{a} \mapsto \overline{b}$ für die Abbildung mit Definitionsbereich $\{a_1, \ldots, a_n\}$, die jedes a_i auf b_i abbildet. Dabei setzen wir natürlich implizit voraus, dass die a_i paarweise verschieden sind bzw., falls $a_i = a_j$ gilt, dass auch $b_i = b_j$ ist, damit die Abbildung wohldefiniert ist.

Man beachte, dass eine Abbildung p mit $\text{dom}(p) \subseteq A$ und $\text{ran}(p) \subseteq B$ genau dann ein partieller Isomorphismus ist, wenn $\text{dom}(p)$ alle Konstanten von A enthält und für alle quantorenfreien Formeln $\varphi(x_1, \ldots, x_n)$ und alle $a_1, \ldots, a_n \in \text{dom}(p)$ gilt:

$$A \models \varphi(a_1, \ldots, a_n) \Leftrightarrow B \models \varphi(p(a_1), \ldots, p(a_n))$$

Im Allgemeinen lässt sich nichts darüber sagen, ob partielle Isomorphismen Formeln mit Quantoren erhalten. Wie wir bald sehen werden, hat m-Äquivalenz etwas mit der Fortsetzbarkeit partieller Isomorphismen zu tun.

Ehrenfeucht-Spiele
Seien nun $\overline{a}$ und $\overline{b}$ Folgen der Länge n in A bzw. B. Das **Ehrenfeucht-Spiel** $\mathcal{G}_m(A, \overline{a}, B, \overline{b})$ ist folgendes Spiel über m Runden zwischen **Samson (spoiler)** und **Delilah (duplicator):**

In der i-ten Runde wählt Samson eine der beiden Strukturen A oder B und ein Element dieser Struktur. Delilah antwortet mit einem Element der anderen Struktur. Das in dieser Runde gewählte Element von A sei e_i, das von B sei f_i.

Insgesamt werden also zwei Folgen $\overline{e} \in A^m$ und $\overline{f} \in B^m$ gewählt. Delilah **gewinnt** $\mathcal{G}_m(A, \overline{a}, B, \overline{b})$, falls die Abbildung $\overline{a}\,\overline{e} \mapsto \overline{b}\,\overline{f}$ ein partieller Isomorphismus ist.

Sind $\overline{a}$ und $\overline{b}$ Folgen der Länge 0, so schreiben wir für $\mathcal{G}_m(A, \overline{a}, B, \overline{b})$ einfach $\mathcal{G}_m(A, B)$.

$\mathcal{G}_m(A, \overline{a}, B, \overline{b})$ ist ein **endliches** Spiel mit **perfekter Information.** Das Spiel (game) ist endlich, weil jede Partie (play) eine endliche Anzahl von Zügen (bzw. Runden) dauert, und es ist ein Spiel mit perfekter Information, weil der Spieler, der gerade am Zug ist, genau weiß welche Züge der Gegner bisher gemacht hat. (Das bekannte Spiel mit Stein, Schere und Papier ist ein Spiel ohne perfekte Information, weil man den aktuellen Zug des Gegners nicht kennt, bevor die Runde zuende ist.)

Eine **Gewinnstrategie** für einen der beiden Spieler ist eine Abbildung, die zum bisherigen Spielverlauf (d. h., zur Folge der bisher gespielten Züge) einen Zug vorschlägt, so dass der Spieler das Spiel immer gewinnt, wenn er entsprechend der Strategie spielt. Wenn einer der beiden Spieler eine Gewinnstrategie hat, sagen wir kurz **er gewinnt** das Spiel (weil er jede Partie gewinnen könnte, wenn er wollte).

Wir betrachten nur Spiele zwischen zwei Spielern, bei denen immer einer der beiden Spieler gewinnt (und bei denen die Regeln sich nicht mit der Zeit verändern). Wir nehmen an, dass die Spiele in Runden ablaufen, in denen immer zuerst der erste Spieler und dann der zweite Spieler je einmal ziehen. Das Spiel endet immer mit einem Zug des zweiten Spielers (auch wenn das Spiel eventuell schon vorher entschieden ist).

Satz 3.2 Sein $\mathcal{G}$ ein endliches Spiel mit perfekter Information. Dann hat einer der beiden Spieler eine Gewinnstrategie.

Beweis Angenommen der zweite Spieler (II) hat keine Gewinnstrategie. Wir geben eine Gewinnstrategie für den ersten Spieler (I) an.

Es gibt einen ersten Zug für I mit folgender Eigenschaft: Wenn I den Zug spielt, so hat II keine Gewinnstrategie für den Rest des Spieles. Denn sonst hätte II eine Gewinnstrategie für das gesamte Spiel. II antwortet mit irgendeinem Zug. Immernoch hat II keine Gewinnstrategie für das verbleibende Spiel, da II sonst bereits direkt nach dem ersten Zug von I eine Gewinnstrategie für das verbleibende Spiel gehabt hätte.

Angenommen, es wurden bereits n Runden gespielt, I ist am Zug und II hat keine Gewinnstrategie für den Rest des Spieles. Dann gibt es einen Zug für I, so dass II immernoch keine Gewinstrategie für das verbleibende Spiel hat. Wie oben bleibt die Nichtexistenz einer Gewinnstrategie für II erhalten, wenn II irgendeinen Zug macht.

Nach endlich vielen Runden ist das Spiel beendet. Wegen der Wahl der Züge von I hatte II in seinem letzten Zug keine Gewinnstrategie. Insbesondere kann II nicht gewonnen haben. Also hat I gewonnen und die angegebene Strategie für I ist in der Tat eine Gewinnstrategie. □

Lemma 3.3

a) *Ist $A \cong B$, so gewinnt Delilah $\mathcal{G}_m(A, B)$ für alle $m \in \mathbb{N}$.*
b) *Falls Delilah $\mathcal{G}_{m+1}(A, B)$ gewinnt und $|A|= m$ ist, so gilt $A \cong B$.*

Beweis

a) Sei $i : A \to B$ ein Isomorphismus. Dann gewinnt Delilah, indem sie in jedem Zug das der Wahl Samsons via i entsprechende Element der jeweils anderen Struktur wählt.
b) Wir lassen Samson und Delilah gegeneinander spielen. Delilah folgt dabei ihrer Gewinnstrategie. Nach der m-ten Runde wurden Folgen $\overline{a} \in A^m$ und $\overline{b} \in B^m$ gewählt. Angenommen, Samson hat so gewählt, dass die a_i und die b_i jeweils paarweise verschieden sind. Dann ist $A = \{a_1, \dots, a_m\}$.
Die Abbildung $i : \overline{a} \mapsto \overline{b}$ ist ein partieller Isomorphismus, da Delilah das Spiel gewinnt. Die Abbildung i ist ein Isomorphismus, falls $B = \{b_1, \dots, b_m\}$ gilt. Angenommen, B enthält noch ein Element b_{m+1}, das nicht in $\{b_1, \dots, b_m\}$ liegt. Dann kann Samson im letzten Zug b_{m+1} wählen und gewinnt. Ein Widerspruch. Also sind A und B isomorph □

Als nächstes definieren wir für alle Strukturen A, für alle $m \in \mathbb{N}$ und alle $a_1, \dots, a_n \in A$ eine Formel $\varphi^m_{A,\overline{a}}(x_1, \dots, x_n)$, so dass für alle Strukturen B und alle $b_1, \dots, b_n \in B$ gilt:

$$B \models \varphi^m_{A,\overline{a}}(\overline{b}) \text{ genau dann, wenn Delilah } \mathcal{G}_m(A, \overline{a}, B, \overline{b}) \text{ gewinnt}$$

Ist $n = 0$, so schreiben wir φ^m_A anstelle von $\varphi^m_{A,\overline{a}}(x_1, \dots, x_n)$. Ergibt sich A aus dem Zusammenhang, so schreiben wir $\varphi^m_{\overline{a}}(x_1, \dots, x_n)$ anstelle von $\varphi^m_{A,\overline{a}}(x_1, \dots, x_n)$.

Die Definition von $\varphi^m_{A,\overline{a}}(x_1, \dots, x_n)$ erfolgt gleichzeitig für alle $n \in \mathbb{N}$ und alle $\overline{a} \in A^n$ durch Induktion über m. Eine Formel heißt **atomar,** wenn sie keine Quantoren und keine logischen Verknüpfungen wie $\neg$, $\wedge$, $\vee$ etc. enthält. Wir schreiben $\overline{x}$ für $x_1, \dots, x_n$. Es sei

$$\varphi^0_{A,\overline{a}}(\overline{x}) := \bigwedge\{\varphi(\overline{x}) : \varphi \text{ ist atomare oder negierte atomare Formel mit } A \models \varphi(\overline{a})\}.$$

Für $m > 0$ sei

$$\varphi^m_{A,\overline{a}}(\overline{x}) := \bigwedge_{a \in A} \exists x_{n+1} \varphi^{m-1}_{\overline{a}a}(\overline{x}, x_{n+1}) \wedge \forall x_{n+1} \bigvee_{a \in A} \varphi^{m-1}_{\overline{a}a}(\overline{x}, x_{n+1}).$$

Man beachte, dass die großen Konjunktionen und Disjunktionen jeweils über endliche Mengen gebildet werden: Man sieht leicht durch Induktion über m, dass für alle $n \in \mathbb{N}$ die Menge $\{\varphi^m_{A,\overline{a}}(\overline{x}) : A \text{ ist eine Struktur und } \overline{a} \in A^n\}$ endlich ist. Der Induktionsanfang ist dabei die Tatsache, dass die Menge $\{\varphi(x_1, \ldots, x_n) : \varphi \text{ ist atomare oder negierte atomare Formel}\}$ endlich ist, solange das Vokabular endlich ist. Letzteres setzen wir jedoch immer implizit voraus.

Die Formel $\varphi^m_{A,\overline{a}}(\overline{x})$ ist der m-**Isomorphietyp** (oder die m-**Hintikka-Formel**) von $\overline{a}$ in A. Wir sammeln ein paar einfache Eigenschaften der $\varphi^m_{A,\overline{a}}(\overline{x})$.

Lemma 3.4

a) *Der Quantorenrang von* $\varphi^m_{A,\overline{a}}(\overline{x})$ *ist genau* m.
b) $A \models \varphi^m_{A,\overline{a}}(\overline{a})$
c) *Für alle* B *und alle* $\overline{b} \in B^n$ *gilt:*

B erfüllt $\varphi^0_{A,\overline{a}}(\overline{b})$ genau dann, wenn $\overline{a} \mapsto \overline{b}$ ein partieller Isomorphismus ist.

Wir sind nun in der Lage, den folgenden Satz von Ehrenfeucht zu beweisen.

Satz 3.5 Seien A und B Strukturen, $m, n \in \mathbb{N}$, $\overline{a} \in A^n$ und $\overline{b} \in B^n$. Dann sind die folgenden Aussagen äquivalent:

1. Delilah gewinnt $\mathcal{G}_m(A, \overline{a}, B, \overline{b})$.
2. $B \models \varphi^m_{A,\overline{a}}(\overline{b})$
3. Für alle Formeln $\varphi(\overline{x})$ mit Quantorenrang $\leq m$ gilt

$$(*) \qquad A \models \varphi(\overline{a}) \Leftrightarrow B \models \varphi(\overline{b}).$$

Beweis Aus 3. folgt 2., da $\varphi^m_{A,\overline{a}}(\overline{x})$ eine Formel vom Quantorenrang m ist und $A \models \varphi^m_{A,\overline{a}}(\overline{a})$ gilt.

Wir beweisen die Äquivalenz von 1. und 2. durch Induktion über m. Für $m = 0$ gilt

$$\begin{aligned}\text{Delilah gewinnt } \mathcal{G}_0(A, \overline{a}, B, \overline{b}) &\Leftrightarrow \overline{a} \mapsto \overline{b} \text{ ist ein partieller Isomorphismus} \\ &\Leftrightarrow B \models \varphi^0_{A,\overline{a}}(\overline{b})\end{aligned}$$

nach Lemma 3.4 c).

Für $m > 0$ gilt Folgendes: Delilah gewinnt $\mathcal{G}_m(A, \overline{a}, B, \overline{b})$ genau dann, wenn für alle $a \in A$ ein $b \in B$ existiert, so dass Delilah $\mathcal{G}_{m-1}(A, \overline{a}a, B, \overline{b}b)$ gewinnt, und für alle $b \in B$ ein $a \in A$ existiert, so dass Delilah $\mathcal{G}_{m-1}(A, \overline{a}a, B, \overline{b}b)$ gewinnt. Nach Induktionsannahme ist Letzteres ist genau dann der Fall, wenn für alle $a \in A$ ein $b \in B$ mit $B \models \varphi^{m-1}_{\overline{a}a}(\overline{b}, b)$ existiert und für alle $b \in B$ ein $a \in A$ mit $B \models \varphi^{m-1}_{\overline{a}a}(\overline{b}, b)$ existiert. Das ist aber äquivalent zu

$$B \models \bigwedge_{a \in A} \exists x_{n+1} \varphi^{m-1}_{\overline{a}a}(\overline{b}, x_{n+1}) \wedge \forall x_{n+1} \bigvee_{a \in A} \varphi^{m-1}_{\overline{a}a}(\overline{b}, x_{n+1}),$$

also zu $B \models \varphi^m_{\overline{a}}(\overline{b})$.

Die Implikation 1.⇒2. zeigen wir auch durch Induktion über m. Der Fall $m = 0$ geht wie oben. Sei $m > 0$. Angenommen, Delilah gewinnt $\mathcal{G}_m(A, \overline{a}, B, \overline{b})$. Inbesondere ist $\overline{a} \mapsto \overline{b}$ ein partieller Isomorphismus. Damit gilt $(*)$ für alle quantorenfreien Formeln. Man beachte, dass die Menge der Formeln, für die $(*)$ gilt, unter logischen Verknüpfungen abgeschlossen ist.

Sei $\varphi(\overline{x})$ die Formel $\exists y \psi(\overline{x}, y)$, wobei ψ vom Quantorenrang $< m$ ist und y verschieden von den x_i. Wir müssen zeigen, dass $(*)$ für φ gilt.

Angenommen, $A \models \varphi(\overline{a})$. Dann existiert $a \in A$ mit $A \models \psi(\overline{a}, a)$. Nach 1. gewinnt Delilah $\mathcal{G}_m(A, \overline{a}, B, \overline{b})$. Also existiert $b \in B$, so dass Delilah $\mathcal{G}_{m-1}(A, \overline{a}a, B, \overline{b}b)$ gewinnt. Nach Induktionsannahme (ψ hat höchstens den Quantorenrang $m - 1$) gilt $B \models \psi(\overline{b}, b)$, also $B \models \varphi(\overline{b})$. Analog sieht man $B \models \varphi(\overline{b}) \Rightarrow A \models \varphi(\overline{a})$. □

Für $n = 0$ ergibt sich

Korollar 3.6 Für alle Strukturen A und B und alle $m \in \mathbb{N}$ sind äquivalent:

1. Delilah gewinnt $\mathcal{G}_m(A, B)$.
2. $B \models \varphi^m_A$
3. $A \equiv_m B$

Mit Lemma 3.3 b) erhalten wir

Korollar 3.7 Sei A eine Struktur mit $|A| \leq m$. Dann gilt für alle B

$$B \models \varphi^{m+1}_A \Leftrightarrow A \cong B.$$

Mit Hilfe der Hintikka-Formeln können wir eine Art Normalform für Formeln vom Quantorenrang m angeben.

Satz 3.8 Sei $\varphi(x_1, \ldots, x_n)$ eine Formel mit Quantorenrang $\leq m$. Dann gilt

$$\models \varphi \leftrightarrow \bigvee \{\varphi^m_{A,\overline{a}}(\overline{x}) : A \text{ ist eine Struktur, } \overline{a} \in A^n \text{ und } A \models \varphi(\overline{a})\}.$$

Man beachte, dass die Disjunktion über eine endliche Menge gebildet wird.

Beweis Angenommen, $B \models \varphi(\overline{b})$. Dann taucht die Formel $\varphi^m_{B,\overline{b}}$ in der Disjunktion auf der rechten Seite der Äquivalenz auf. Die Disjunktion wird also von $\overline{b}$ erfüllt. Für die andere Richtung gelte

$$B \models \bigvee \{\varphi^m_{A,\overline{a}}(\overline{b}) : A \text{ ist eine Struktur, } \overline{a} \in A^n \text{ und } A \models \varphi(\overline{a})\}.$$

Dann gibt es A und $\overline{a}$ mit $A \models \varphi(\overline{a})$, so dass $B \models \varphi^m_{A,\overline{a}}(\overline{b})$ gilt. Es ist also die Aussage 2. in Satz 3.5 erfüllt. Damit ist auch die Aussage 3. in Satz 3.5 erfüllt, und wegen $A \models \varphi(\overline{a})$ gilt $B \models \varphi(\overline{b})$. □

Wir können nun die Umkehrung von Lemma 3.1 beweisen.

Satz 3.9 Eine Klasse K von endlichen Strukturen ist genau dann erststufig axiomatisierbar, wenn es ein $m \in \mathbb{N}$ gibt, so dass K unter m-Äquivalenz abgeschlossen ist, d. h., so dass für alle $A \in K$ und alle Strukturen B gilt:

$$A \equiv_m B \Rightarrow B \in K$$

Beweis Ist K erststufig axiomatisierbar, so existiert ein $m \in \mathbb{N}$, so dass K unter m-Äquivalenz abgeschlossen ist. Das besagt Lemma 3.1.

Angenommen, K ist unter m-Äquivalenz abgeschlossen für ein gewisses $m \in \mathbb{N}$. Wir zeigen, dass K die Modellklasse der Aussage

$$\psi := \bigvee \{\varphi^m_A : A \in K\}$$

ist. (Man beachte wieder, dass die Disjunktion über eine endliche Menge von Aussagen gebildet wird.)

Da jede Struktur A die Aussage φ^m_A erfüllt, ist jedes Element von K Modell von ψ.

Sei nun B eine Struktur mit $B \models \psi$. Dann existiert eine Struktur $A \in K$ mit $B \models \varphi^m_A$. Nach Korollar 3.6 ist $A \equiv_m B$. Da K unter m-Äquivalenz abgeschlossen ist, ist $B \in K$. Das zeigt $K = \mathrm{Mod}(\psi)$. □

3.3 Der Satz von Fraïssé

Wir geben noch einen Variante von Satz 3.5 an, in der m-Äquivalenz etwas algebraischer als mit Ehrenfeucht-Spielen charakterisiert wird.

Definition 3.10 Zwei Strukturen A und B heißen **m-isomorph** (kurz $A \cong_m B$), falls es eine Folge $(I_j)_{j \leq m}$ gibt, für die gilt:

(MI1) Jedes I_j ist eine nichtleere Menge partieller Isomorphismen von A nach B.
(MI2) **(Forth-Eigenschaft)** Für alle $j < m$, $p \in I_{j+1}$ und $a \in A$ existiert $q \in I_j$ mit $p \subseteq q$ und $a \in \mathrm{dom}(q)$.
(MI3) **(Back-Eigenschaft)** Für alle $j < m$, $p \in I_{j+1}$ und $b \in B$ existiert $q \in I_j$ mit $p \subseteq q$ und $b \in \mathrm{ran}(q)$.

Ist $(I_j)_{j \leq m}$ eine Folge, die (MI1)–(MI3) erfüllt, so sagen wir, dass A und B m-isomorph sind **via** $(I_j)_{j \leq m}$.

Für Strukturen A und B sowie $m \in \mathbb{N}$ sei

$$W_m(A, B) := \{\overline{a} \mapsto \overline{b} : \text{Es gibt } s \in \mathbb{N} \text{ mit } \overline{a} \in A^s, \overline{b} \in B^s \\ \text{und Delilah gewinnt } \mathcal{G}^m(A, \overline{a}, B, \overline{b})\}$$

die Menge der **Gewinnpositionen** für Delilah.

Satz 3.11 Seien A und B Strukturen, $m, s \in \mathbb{N}$, $\overline{a} \in A^s$ und $\overline{b} \in B^s$. Dann sind äquivalent:

1. Delilah gewinnt $\mathcal{G}_m(A, \overline{a}, B, \overline{b})$.
2. $(\overline{a} \mapsto \overline{b}) \in W_m(A, B)$ und $A \cong_m B$ via $(W_j(A, B))_{j \leq m}$.
3. Es gibt $(I_j)_{j \leq m}$ mit $(\overline{a} \mapsto \overline{b}) \in I_m$, so dass A und B via $(I_j)_{j \leq m}$ m-isomorph sind.
4. $B \models \varphi^m_{\overline{a}}(\overline{b})$
5. $\overline{a}$ erfüllt in A dieselben Formeln vom Quantorenrang $\leq m$ wie $\overline{b}$ in B.

Beweis 1.⇒2.: Angenommen, Delilah gewinnt $\mathcal{G}_m(A, \overline{a}, B, \overline{b})$. Nach Definition von $W_m(A, B)$ gilt dann $\overline{a} \mapsto \overline{b} \in W_m(A, B)$. Außerdem ist kein $W_j(A, B)$ leer. Wir zeigen die forth-Eigenschaft von $(W_j(A, B))_{j \leq m}$. Der Beweis der back-Eigenschaft ist symmetrisch.

Seien $j < m$, $(\overline{e} \mapsto \overline{f}) \in W_{j+1}(A, B)$ und $a \in A$. Dann gewinnt Delilah $\mathcal{G}_{j+1}(A, \overline{e}, B, \overline{f})$. Wenn Samson im ersten Zug dieses Spiels a zieht, so gibt es $b \in B$, so dass Delilah das Spiel $\mathcal{G}_j(A, \overline{e}a, B, \overline{f}b)$ gewinnt. Insbesondere ist, wie für die forth-Eigenschaft gewünscht, $(\overline{e}a \mapsto \overline{f}b) \in W_j(A, B)$.

2.⇒3. ist trivial. Die restlichen Implikationen bis auf 3.⇒1. folgen aus Satz 3.5. Für 3.⇒1. sei $A \cong_m B$ via $(I_j)_{j \leq m}$ mit $(\overline{a} \mapsto \overline{b}) \in I_m$. Wir geben eine Gewinnstrategie für Delilah in dem Spiel $\mathcal{G}_m(A, \overline{a}, B, \overline{b})$ an.

Im i-ten Zug sollte Delilah $e_i \in A$ beziehungsweise $f_i \in B$ so wählen, dass für $p_i : \overline{a}e_1 \dots e_i \mapsto \overline{b}f_1 \dots f_i$ ein $q \in I_{m-i}$ mit $p_i \subseteq q$ existiert. Das geht wegen der back-and-forth-Eigenschaften von $(I_j)_{j \leq m}$. Insgesamt spielen die beiden Spieler dann p_m, und es gibt $q \in I_0$ mit $p_m \subseteq q$. Da q ein partieller Isomorphismus ist, ist auch p_m ein partieller Isomorphismus. Also gewinnt Delilah. □

Setzt man $s = 0$, so ergibt sich aus Satz 3.11 sofort

Korollar 3.12 Für zwei Strukturen A und B sowie $m \in \mathbb{N}$ sind folgende Aussagen äquivalent:

1. Delilah gewinnt $\mathcal{G}_m(A, B)$.
2. $A \cong_m B$ via $(W_j(A, B))_{j \leq m}$.
3. $A \cong_m B$
4. $B \models \varphi_A^m$
5. $A \equiv_m B$

Die Äquivalenz von 3. und 5. in diesem Korollar ist als der Satz von Fraïssé bekannt. Deshalb nennt man die Ehrenfeucht-Spiele auch Ehrenfeucht-Fraïssé-Spiele.

Wir geben eine einfache Anwendung der Sätze von Ehrenfeucht und Fraïssé an.

Satz 3.13 Sei τ ein endliches Vokabular ohne Funktionssymbole. Dann ist die Klasse K der endlichen τ-Strukturen mit gerader Mächtigkeit nicht erststufig axiomatisierbar.

Beweis Nach Lemma 3.1 genügt es, für jedes $m \in \mathbb{N}$ Strukturen A und B anzugeben mit $A \in K$, $B \notin K$ und $A \equiv_m B$.

Sei also $m \in \mathbb{N}$. Sei A eine τ-Struktur mit folgenden Eigenschaften:

(A1) $|A|$ ist gerade und $\geq m$.
(A2) Alle Konstantensymbole haben dieselbe Interpretation $c \in A$.
(A3) Alle Relationssymbole haben die leere Interpretation.

Wegen (A1) ist $A \in K$.

Sei B eine τ-Struktur mit folgenden Eigenschaften:

(B1) $|B|$ ist ungerade und $\geq m$.
(B2) Alle Konstantensymbole haben dieselbe Interpretation $d \in B$.
(B3) Alle Relationssymbole haben die leere Interpretation.

Wegen (B1) ist $B \notin K$.

Wir zeigen $A \equiv_m B$. Nach Korollar 3.6 genügt es zu zeigen, dass Delilah $\mathcal{G}_m(A, B)$ gewinnt. Wegen der Wahl von A und B ist jede partielle Bijektion zwischen A und B, die entweder c auf d abbildet oder (auf c nicht definiert ist und d nicht trifft), ein partieller Isomorphismus.

Wir geben eine Gewinnstrategie für Delilah an. Nach dem i-ten Zug seien die Folgen $(a_1, \ldots, a_i) \in A^i$ und $(b_1, \ldots, b_i) \in B^i$ gespielt. Angenommen, Samson zieht $a \in A$. Ist a eines der bereits gespielten $a_1, \ldots, a_i$, zum Beispiel a_j, so antwortet Delilah mit b_j. Ist $a = c$, so antwortet Delilah mit $d \in B$. Ist a nicht unter den $a_1, \ldots, a_i$, so antwortet Delilah mit einem beliebigen $b \in B \setminus \{b_1, \ldots, b_i\}$. Das geht wegen $|B| \geq m$.

Wählt Samson ein $b \in B$, so spielt Delilah entsprechend. Es ist klar, dass Delilah das Spiel gewinnt. □

Man beachte, dass dieser Beweis auch für Graphen durchgeht. Ist τ das Vokabular der Graphentheorie, so sind die oben konstruierten Strukturen in der Tat Graphen.

Allerdings gibt es über Vokabularen mit mindestens einem zweistelligen Relationssymbol erststufig axiomatisierbare Klassen endlicher Strukturen, die beliebig große Strukturen enthalten, aber nur solche von gerader Mächtigkeit. Man kann nämlich erststufig ausdrücken, dass die Interpretation des zweistelligen Relationssymbols eine Äquivalenzrelation ist, deren Äquivalenzklassen alle genau zwei Elemente haben. Eine endliche Menge trägt genau dann eine Äquivalenzrelation, deren Äquivalenzklassen alle genau zwei Elemente haben, wenn ihre Mächtigkeit gerade ist.

3.4 Der Satz von Hanf

Sei A eine τ-Struktur, wobei τ wieder ein endliches Vokabular ohne Funktionssymbole ist. Wir definieren eine zweistellige Relation E^A wie folgt:

Für $a, b \in A$ mit $a \neq b$ sei $(a, b) \in E^A$ genau dann, wenn es ein n-stelliges Relationssymbol $R \in \tau$ gibt sowie $\overline{c} \in R^A$, so dass a und b Komponenten des Tupels $\overline{c}$ sind.

Die Struktur $G(A) := (A, E^A)$ nennt man den **Gaifman-Graphen** von A. Wenn A selbst ein Graph ist, so gilt $G(A) = A$. Für $a, b \in A$ sei $d(a, b)$ der **Abstand** von a und b in $G(A)$, also die minimale Länge eines Weges von a nach b in $G(A)$, falls so ein Weg existiert, und ∞, falls in $G(A)$ kein Weg von a nach b existiert. Wie man leicht nachrechnet, ist d eine Metrik auf A, falls der Gaifman-Graph $G(A)$ zusammenhängend ist.

Für $r \in \mathbb{N}$ und $a \in A$ sei

$$N^A(r, a) := \{b \in A : d(a, b) \leq r\}$$

die **r-Umgebung** von a. Ergibt sich A aus dem Zusammenhang, so schreiben wir auch einfach $N(r, a)$ anstelle von $N^A(r, a)$. Für $\overline{a} = (a_1, \ldots, a_n) \in A^n$ sei $N(r, \overline{a}) := N(r, a_1) \cup \cdots \cup N(r, a_n)$. Für $n = 0$ erhalten wir damit $N(r, \overline{a}) = \emptyset$.

Mit $(N(r, a), a)$ bezeichnen wir die Unterstruktur von A mit der Trägermenge $N(r, a)$ mit der zusätzlichen Konstante a. Analog bezeichnet $N((r, \overline{a}), \overline{a})$ die Unterstruktur von A mit der Trägermenge $N(r, \overline{a})$ mit den zusätzlichen Konstanten $a_1, \ldots, a_n$. Der **r-Typ** von $a \in A$ sei der Isomorphietyp von $(N(r, a), a)$. Für eine weitere τ-Struktur B haben also $a \in A$ und $b \in B$ den gleichen r-Typ, wenn es einen Isomorphismus zwischen der Unterstruktur von A mit der Trägermenge $N^A(r, a)$ und der Unterstruktur von B mit der Trägermenge $N^B(r, b)$ gibt, der a auf b abbildet.

Wir können nun den Satz von Hanf formulieren:

Satz 3.14 Seien A und B τ-Strukturen und $m \in \mathbb{N}$. Sei $e \in \mathbb{N}$ so, dass die 4^m-Umgebungen in A und B höchstens e Elemente haben. Angenommen, für jeden 4^m-Typ T gilt

(i) A und B haben die gleiche Anzahl von Elementen vom 4^m-Typ T oder
(ii) A und B haben beide mehr als $m \cdot e$ Elemente vom 4^m-Typ T.

Dann gilt $A \equiv_m B$.

Beweis Wir benutzen Korollar 3.12 und zeigen, dass A zu B m-isomorph ist via $(I_j)_{j \leq m}$, wobei

$$I_j := \{\overline{a} \mapsto \overline{b} : \text{Es gibt } k \leq m - j \text{ mit } \overline{a} \in A^k \text{ und } \overline{b} \in B^k \\ \text{und } (N^A(4^j, \overline{a}), \overline{a}) \cong (N^B(4^j, \overline{b}), \overline{b})\}$$

sei. (Kühn akzeptieren wir in dieser Definition $\emptyset \cong \emptyset$, obwohl wir sonst Strukturen als nicht leer voraussetzen.) Beachte, dass die Elemente von I_j tatsächlich partielle Isomorphismen zwischen A und B sind.

Aus der Definition der I_j ergibt sich, dass alle I_j die leere Funktion enthalten. Insbesondere sind die I_j nicht leer. (MI1) in Definition 3.10 ist also erfüllt. Wir zeigen die forth-Eigenschaft (MI2) von $(I_j)_{j \leq m}$. Der Beweis der back-Eigenschaft (MI3) ist symmetrisch.

Sei $j < m$. Zunächst stellen wir fest, dass für jeden 4^j-Typ T mindestens eine der folgenden Aussagen gilt:

$(\mathrm{i})_\mathrm{j}$ A und B haben die gleiche Anzahl von Elementen vom 4^j-Typ T oder
$(\mathrm{ii})_\mathrm{j}$ A und B haben beide mehr als $m \cdot e$ Elemente vom 4^j-Typ T.

Sei nämlich T ein 4^j-Typ und T' ein 4^m-Typ. Wir sagen, dass T' den Typ T **erweitert,** falls es eine Struktur gibt, die ein Element enthält, welches den 4^j-Typ T und den 4^m-Typ T' hat.

Angenommen, T wird von einem 4^m-Typ T' erweitert, für den (ii) gilt. Jedes Element vom 4^m-Typ T' hat den 4^j-Typ T. Damit gilt für T die Aussage $(\mathrm{ii})_j$.

Angenommen, für jeden 4^m-Typ T', der T erweitert, gilt (i). Treten in einer der beiden Strukturen A und B mehr als $m \cdot e$ verschiedene 4^m-Typen auf, die T erweitern, so gilt für T die Aussage $(\mathrm{ii})_j$. Treten in A und B nur endlich viele 4^m-Typen auf, die T erweitern, so gilt für T die Aussage $(\mathrm{i})_j$, da jedes Element nur einen 4^m-Typ hat.

Sei nun $(\overline{a} \mapsto \overline{b}) \in I_{j+1}$ und $a \in A$. Wir suchen $b \in B$ mit $(\overline{a}a \mapsto \overline{b}b) \in I_j$. Nach Definition von I_{j+1} existiert ein Isomorphismus

$$\pi : (N^A(4^{j+1}, \overline{a}), \overline{a}) \to (N^B(4^{j+1}, \overline{b}), \overline{b}).$$

Wir unterscheiden zwei Fälle:

Fall 1 $a \in N^A(3 \cdot 4^j, \overline{a})$. In diesem Fall ist $N^A(4^j, \overline{a}a) \subseteq N^A(4^{j+1}, \overline{a})$. Setze $b := \pi(a)$. Dann ist $\pi \upharpoonright N^A(4^j, \overline{a}a)$ ein Isomorphismus zwischen $(N^A(4^j, \overline{a}a), \overline{a}a)$ und $(N^B(4^j, \overline{b}b), \overline{b}b)$. Insbesondere gilt $(\overline{a}a \mapsto \overline{b}b) \in I_j$.
Fall 2 $a \notin N^A(3 \cdot 4^j, \overline{a})$. In diesem Fall hat jedes Element von $N^A(4^j, a)$ zu jedem Element von $N^A(4^j, \overline{a})$ einen Abstand > 1. Insbesondere gibt es in $G(A)$ keine Kante, die zwischen $N^A(4^j, a)$ und $N^A(4^j, \overline{a})$ verläuft. Es gibt also auf A keine Relation, die ein Tupel enthält, das gleichzeitig Komponenten in $N^A(4^j, a)$ und in $N^A(4^j, \overline{a})$ hat.

Sei T der 4^j-Typ von a in A. Sei $k \leq m - j$ so, dass $\overline{a} \in A^k$ und $\overline{b} \in B^k$ gelten. Da $\pi \upharpoonright N^A(3 \cdot 4^j, \overline{a})$ ein Isomorphismus zwischen $(N^A(3 \cdot 4^j, \overline{a}), \overline{a})$ und $(N^B(3 \cdot 4^j, \overline{b}), \overline{b})$ ist, enthalten $N^A(3 \cdot 4^j, \overline{a})$ und $N^B(3 \cdot 4^j, \overline{b}), \overline{b}$ gleich viele Elemente vom 4^j-Typ T.

Das sind, nach unserer Annahme über die Größe von Umgebungen, jeweils nicht mehr als $k \cdot e$. Sowohl $(\mathrm{i})_j$ als auch $(\mathrm{ii})_j$ implizieren, dass es ein $b \in B \setminus N^B(3 \cdot 4^j, \overline{b})$ gibt, welches den 4^j-Typ T hat. Wie oben gibt es auf B keine Relation, die ein Tupel enthält, welches gleichzeitig Komponenten in $N^B(4^j, b)$ und in $N^B(4^j, \overline{b})$ hat.

Wähle einen Isomorphismus

$$\pi' : (N^A(4^j, a), a) \to (N^B(4^j, b), b).$$

Dann ist $\pi \cup \pi' \upharpoonright N^A(4^j, \overline{a}a)$ ein Isomorphismus zwischen $(N^A(4^j, \overline{a}a), \overline{a}a)$ und $(N^B(4^j, \overline{b}b), \overline{b}b)$. Damit gilt $(\overline{a}a \mapsto \overline{b}b) \in I_j$. □

Als Anwendung des Satzes von Hanf zeigen wir, dass sich weder Kreisfreiheit noch Zusammenhang von Graphen erststufig axiomatisieren lassen.

Satz 3.15

a) Die Klasse der endlichen, kreisfreien Graphen ist nicht erststufig axiomatisierbar.
b) Die Klasse der endlichen, zusammenhängenden Graphen ist nicht erststufig axiomatisierbar.

Beweis a) Sei $m \in \mathbb{N}$. Wir suchen zwei endliche Graphen A und B, so dass A kreisfrei ist, B einen Kreis hat und $A \equiv_m B$ gilt.

Setze $e := 2 \cdot 4^m + 1$. Sei A eine Kette mit $m \cdot e + 2 \cdot 4^m + 1$ Elementen. Sei B eine Kette mit $m \cdot e + 2 \cdot 4^m + 1$ Elementen zusammen mit einem (zur Kette disjunkten) Kreis der Länge $e + 1$. Offenbar ist A kreisfrei, aber B nicht. Wir zeigen $A \equiv_m B$ und benutzen dazu Satz 3.14.

Wie man leicht nachrechnet, haben die 4^m-Umgebungen in A und B höchstens e Elemente. Wir zeigen, dass für jeden 4^m-Typ (i) oder (ii) in Satz 3.14 gilt.

Ist T ein 4^m-Typ der Mächtigkeit $< e$, so haben nur Elemente der Kette von B den 4^m-Typ T, nämlich höchstens solche, deren Abstand zu einem der Endpunkte $< 4^m$ ist. Da die Kette von B zu A isomorph ist, haben A und B gleich viele Elemente vom 4^m-Typ T.

In A und B tritt nur ein 4^m-Typ mit Mächtigkeit $\geq e$ auf, nämlich eine Kette der Länge e zusammen mit ihrem Mittelpunkt als Konstante. In A haben genau diejenigen Elemente diesen 4^m-Typ, deren Abstand zu den Endpunkten mindestens 4^m beträgt. In B haben genau diejenigen Elemente diesen 4^m-Typ, die entweder auf dem Kreis liegen oder auf der Kette von B, wobei ihr Abstand zu den Endpunkten der Kette von B mindestens 4^m ist. In jedem Falle gibt es mehr als $e \cdot m$ solcher Punkte.

Damit sind die Voraussetzungen von Satz 3.14 erfüllt, und es gilt $A \equiv_m B$.

b) Der Beweis von b) geht genauso, wie der von a). Wir müssen nur feststellen, dass der Graph A aus dem Beweis von a) zusammenhängend ist, B jedoch nicht. □

0-1-Gesetze

4

Nach den Ehrenfeucht-Fraïssé-Spielen gibt es eine weitere wichtige Methode, um zu zeigen, dass gewisse Klassen endlicher Strukturen nicht erststufig axiomatisierbar sind. Das sind die sogenannten **0-1-Gesetze.**

Für eine gegebene Klasse K endlicher Strukturen kann man sich fragen, ob eher viele oder wenige Strukturen über dem entsprechenden Vokabular in der Klasse K liegen. Genauso kann man sich für eine Teilklasse L von K fragen, ob eher viele Strukturen aus K in L liegen oder nicht.

Natürlich gibt es unendlich viele Strukturen des gleichen **Isomorphietyps,** also unendlich viele verschiedene Strukturen, die paarweise isomorph sind. Es gibt zwei Möglichkeiten, dieses Problem zu umgehen. Entweder man identifiziert je zwei isomorphe Strukturen und zählt nur Isomorphietypen anstelle von einzelnen Strukturen. Das ist sinnvoll, bringt aber gewisse technische Probleme mit sich. Eine andere Möglichkeit ist es, nur Strukturen auf einer festen Trägermenge zu betrachten, zum Beispiel auf Mengen der Form $\{1, \ldots, n\}$.

Wir fixieren ein endliches Vokabular τ.

Definition 4.1 Sei $n \in \mathbb{N}$. Für eine Klasse K endlicher τ-Strukturen sei $L_n(K)$ die Anzahl der Strukturen in K auf der Trägermenge $\{1, \ldots, n\}$. $L_n(\tau)$ sei die Anzahl aller τ-Strukturen auf der Trägermenge $\{1, \ldots, n\}$. Weiter sei

$$l_n(K) := \frac{L_n(K)}{L_n(\tau)}.$$

Für eine Formel φ über dem Vokabular τ sei $L_n(\varphi) := L_n(\text{Mod}(\varphi))$ und $l_n(\varphi) := l_n(\text{Mod}(\varphi))$. Falls der Grenzwert existiert, so sei

$$l(K) := \lim_{n \to \infty} l_n(K).$$

© Der/die Autor(en), exklusiv lizenziert an Springer-Verlag GmbH, DE, ein Teil von Springer Nature 2023

S. Geschke, *Endliche Modelltheorie*, https://doi.org/10.1007/978-3-662-68322-4_4

Entsprechend sei $l(\varphi) = l(\mathrm{Mod}(\varphi))$, falls $l(\mathrm{Mod}(\varphi))$ definiert ist.

Ist H eine weitere Klasse von τ-Strukturen, so sei

$$l_n(K|H) := \frac{L_n(K \cap H)}{L_n(H)}.$$

Falls der Grenzwert existiert, so sei

$$l(K|H) := \lim_{n\to\infty} l_n(K|H).$$

Schreibweisen wie $l(\varphi|H)$ etc. sind selbsterklärend.

Die Zahl $l(K)$, so sie denn existiert, ist die **asymptotische Wahrscheinlichkeit** von K. Die Zahl $l(K|H)$ ist die **asymptotische Wahrscheinlichkeit** von K **bezüglich** H.

Ein Satz φ gilt für **fast alle** endlichen Strukturen, wenn $l(\varphi) = 1$ ist. In diesem Falle sagen wir, φ gilt **fast sicher.** Der Satz φ gilt für **fast alle** Strukturen in H, falls $l(\varphi|H) = 1$ ist. Eine Klasse Φ von Sätzen erfüllt das **0-1-Gesetz,** falls für alle $\varphi \in \Phi$ gilt: $l(\varphi) = 0$ oder $l(\varphi) = 1$.

In dieser Definition stehen L und l für „labeled", da die Elemente der Strukturen die „Labels" $1, \ldots, n$ tragen.

Beispiel 4.2

a) Sei K die Klasse aller endlichen τ-Strukturen mit einer geraden Anzahl von Elementen. Dann ist $l_n(K) = 1$ für alle geraden n und $= 0$ für alle ungeraden n. Damit existiert $l(K)$ nicht.
b) Sei τ das Vokabular mit einem einstelligen Funktionssymbol f. Betrachte den erststufigen Satz

$$\varphi := \forall x (f(x) \neq x),$$

der besagt, dass die Abbildung f keine Fixpunkte hat. Auf der Menge $\{1, \ldots, n\}$ gibt es n^n einstellige Funktionen. Davon sind $(n-1)^n$ fixpunktfrei. Damit gilt

$$l_n(\varphi) = \left(\frac{n-1}{n}\right)^n = \left(1 - \frac{1}{n}\right)^n.$$

Wie man aus der Analysis weiß, ist für alle $x \in \mathbb{R}$

$$\lim_{n\to\infty} \left(1 + \frac{x}{n}\right)^n = e^x$$

und damit

$$l(\varphi) = \lim_{n\to\infty} \left(1 - \frac{1}{n}\right)^n = e^{-1} = \frac{1}{e}.$$

Beispiel b) zeigt, dass kein 0-1-Gesetz für alle erststufige Aussagen über einem Vokabular mit mindestens einem einstelligen Funktionssymbol gilt. Man kann auch leicht zeigen, dass kein 0-1-Gesetz für alle erststufigen Aussagen über einem Vokabular mit mindestens einem Konstantensymbol und mindestens einem Relationssymbol gilt.

Wir werden aber zeigen, dass das 0-1-Gesetz für alle erststufigen Aussagen über einem Vokabular gilt, das nur Relationssymbole enthält.

Zunächst stellen wir fest, dass die Menge der fast sicheren Sätzen gewisse Abschlusseigenschaften hat.

Lemma 4.3 *Seien φ und ψ Sätze.*

1. *Existiert $l(\varphi)$, so existiert auch $l(\neg\varphi)$ und es gilt $l(\neg\varphi) = 1 - l(\varphi)$.*
2. *Sind φ und ψ fast sicher, so auch ist auch $\varphi \wedge \psi$ fast sicher.*
3. *Ist Φ eine Menge von fast sicheren Sätzen und ψ aus Φ ableitbar, so ist auch ψ fast sicher.*

Beweis 1. Angenommen, $l(\varphi) = \lim_{n\to\infty} L_n(\varphi)/L_n(\tau)$ existiert. Für jedes $n \in \mathbb{N}$ gilt

$$\frac{L_n(\neg\varphi)}{L_n(\tau)} = \frac{L_n(\tau) - L_n(\varphi)}{L_n(\tau)} = 1 - \frac{L_n(\varphi)}{L_n(\tau)}.$$

Damit ist

$$l(\neg\varphi) = \lim_{n\to\infty}\left(1 - \frac{L_n(\varphi)}{L_n(\tau)}\right) = 1 - l(\varphi).$$

2. Seien φ und ψ fast sicher und $\varepsilon > 0$. Sei $n_0 \in \mathbb{N}$ so groß, dass für alle $n \geq n_0$ gilt:

$$\frac{L_n(\varphi)}{L_n(\tau)} > 1 - \varepsilon \text{ und } \frac{L_n(\psi)}{L_n(\tau)} > 1 - \varepsilon$$

Dann ist

$$\frac{L_n(\varphi \wedge \psi)}{L_n(\tau)} = \frac{L_n(\mathrm{Mod}(\varphi) \cap \mathrm{Mod}(\psi))}{L_n(\tau)} > 1 - 2\varepsilon.$$

Das zeigt $l(\varphi \wedge \psi) = 1$.

3. Ist ψ aus Φ ableitbar, so ist ψ bereits aus einer endlichen Teilmenge $\{\varphi_1, \ldots, \varphi_k\}$ von Φ ableitbar. Da die Sätze in Φ fast sicher sind, ist nach (2) auch $\varphi_1 \wedge \cdots \wedge \varphi_k$ fast sicher. Wegen $\varphi_1 \wedge \cdots \wedge \varphi_k \models \psi$ ist damit auch ψ fast sicher. □

Definition 4.4 Sei τ ein endliches Vokabular, das nur Relationssymbole enthält, $r \in \mathbb{N}$ und

$$\Delta_{r+1} := \{\varphi(y_1, \ldots, y_{r+1}) : \\ \varphi \text{ hat die Form } R(\overline{x}) \text{ für ein } R \in \tau,\ \text{wobei } y_{r+1} \text{ in } \overline{x} \text{ vorkommt}\}$$

Für eine Teilmenge Φ von Δ_{r+1} sei

$$\chi_\Phi := \forall y_1, \ldots, y_r \Big(\bigwedge_{1 \le i < j \le r} y_i \neq y_j \rightarrow$$
$$\exists y_{r+1} \Big(\bigwedge_{1 \le i \le r} y_i \neq y_{r+1} \wedge \bigwedge_{\varphi \in \Phi} \varphi \wedge \bigwedge_{\varphi \in \Delta_{r+1} \setminus \Phi} \neg\varphi \Big)\Big).$$

Eine Aussage der Form χ_Φ heißt $(r+1)$-**Erweiterungsaxiom.** Mit $T_{\text{random}}(\tau)$ oder einfach T_{random} bezeichnen wir die Menge aller Erweiterungsaxiome über τ.

Wir werden zeigen, dass jedes Erweiterungsaxiom in fast jeder Struktur gilt und dass für jeden Satz φ entweder φ selbst oder $\neg\varphi$ aus T_{random} ableitbar ist. Mit Lemma 4.3 folgt daraus

Satz 4.5 Für jeden Satz φ über τ gilt $l(\varphi) = 0$ oder $l(\varphi) = 1$.

Lemma 4.6 *Sei $\Phi \subseteq \Delta_{r+1}$. Dann gilt χ_Φ fast sicher.*

Beweis Wir zeigen $l(\neg\chi_\Phi) = 0$. Der Satz $\neg\chi_\Phi$ ist äquivalent zu

$$\exists y_1, \ldots, y_r \Big(\bigwedge_{1 \le i < j \le r} y_i = y_j \wedge \forall y_{r+1} \Big(\bigvee_{1 \le i \le r} y_i = y_{r+1} \vee \bigvee_{\varphi \in \Phi} \neg\varphi \vee \bigvee_{\varphi \in \Delta_{r+1} \setminus \Phi} \varphi \Big)\Big).$$

Sei $A = \{1, \ldots, n\}$ und seien $a_1, \ldots, a_r, a \in A$. Die Wahrscheinlichkeit, dass das Tupel $(a_1, \ldots, a_r, a)$ alle Formeln in $\Phi \cup \{\neg\varphi : \varphi \in \Delta_{r+1} \setminus \Phi\}$ erfüllt, sei δ. Ist c die Anzahl der Teilmengen von Δ_{r+1}, so ist $\delta = \frac{1}{c}$. Damit gilt

$$l_n(\neg\chi_\Phi) \le n^r \cdot \left(\frac{c-1}{c}\right)^{n-r} = n^r (1-\delta)^{n-r}.$$

Damit ist $l(\neg\chi_\Phi) = \lim_{n\to\infty} l_n(\neg\chi_\Phi) = 0$.

□

Als nächstes zeigen wir, dass T_{random} genau ein abzählbares Modell hat (welches unendlich ist).

Lemma 4.7 *$T_{\text{random}}(\tau)$ hat ein Modell.*

Beweis Wir konstruieren eine abzählbar unendliche τ-Struktur A, die alle Erweiterungsaxiome erfüllt. Die Trägermenge von A wird $\mathbb{N}$ sein. Wir müssen also nur für jedes Relationssymbol $R \in \tau$ die Interpretation R^A erklären. Das geschieht induktiv. Dazu konstruieren wir eine Folge $A_0 \subseteq A_1 \subseteq \ldots$ endlicher Teilmengen von $\mathbb{N}$ mit

$\bigcup_{n\in\mathbb{N}} A_n = \mathbb{N}$ und für jedes Relationssymbol $R \in \tau$ eine Folge $R^{A_0} \subseteq R^{A_1} \subseteq \ldots$ von Interpretationen von R in den verschiedenen A_n. Dabei werden die R^{A_n} so gewählt, dass A_n zusammen mit den R^{A_n}, $R \in \tau$, eine Unterstruktur von A_{n+1} zusammen mit den $R^{A_{n+1}}$, $R \in \tau$, ist. Am Schluss setzen wir $R^A := \bigcup_{n\in\mathbb{N}} R^{A_n}$ für jedes $R \in \tau$.

Setze $A_0 := \emptyset$ und $R^{A_0} := \emptyset$ für jedes $R \in \tau$. Angenommen, A_n und alle R^{A_n}, $R \in \tau$, sind bereits gewählt. Wähle $k \in \mathbb{N}$ und Folgen $(r_i)_{i<k}$, $(\Phi_i)_{i<k}$ und $(\overline{a}_i)_{i<k}$ mit folgenden Eigenschaften:

1. Die r_i sind natürliche Zahlen $\leq |A_n|$.
2. Für alle $i < k$ ist $\Phi_i \subseteq \Delta_{r_i+1}$.
3. Für alle $i < k$ ist $\overline{a}_i$ ein r_i-Tupel paarweise verschiedener Elemente von A_n.
4. Für jedes $r \leq |A_n|$, jedes r-Tupel $\overline{a}$ paarweise verschiedener Elemente von A_n und alle $\Phi \subseteq \Delta_{r+1}$ existiert ein $i < k$ mit $r_i = r$, $\Phi_i = \Phi$ und $\overline{a}_i = \overline{a}$.

Für $i \leq k$ definieren wir zunächst A_n^i und $R^{A_n^i}$, $R \in \tau$, wie folgt: Setze $A_n^0 := A_n$. Sei $i < k$. Angenommen A_n^i und $R^{A_n^i}$, $R \in \tau$, sind bereits definiert. Sei $m := \min(\mathbb{N} \setminus A_n^i)$. Setze $A_n^{i+1} := A_n^i \cup \{m\}$. Für alle $R \in \tau$ setze $R^{A_n^i}$ so zu $R^{A_n^{i+1}}$ auf A_n^{i+1} fort, dass für alle $\varphi \in \Delta_{r_i+1}$ gilt:

$$A_n^{i+1} \models \varphi(\overline{a}_i, m) \quad \Leftrightarrow \quad \varphi \in \Phi_i$$

Setze schließlich $A_{n+1} := A_n^k$ und $R^{A_{n+1}} := R^{A_n^k}$ für alle $R \in \tau$.

Das schließt die Definition der A_n und der R^{A_n} ab. Wir zeigen, dass A das Gewünschte leistet. Sei $\psi \in T_{\text{random}}$. Es ist $A \models \psi$ zu zeigen.

Seien $r \in \mathbb{N}$ und $\Phi \subseteq \Delta_{r+1}$, so dass $\psi = \chi_\Phi$ gilt. Seien $a_1, \ldots, a_r \in A$ paarweise verschieden. Dann existiert ein $n \in \mathbb{N}$ mit $a_1, \ldots, a_r \in A_n$. Insbesondere ist $r \leq |A_n|$. Seien k, $(r_i)_{i<k}$, $(\Phi_i)_{i<k}$ und $(\overline{a}_i)_{i<k}$ wie in der Definition von A_{n+1}.

Dann existiert $i < k$ mit $r_i = r$, $\Phi_i = \Phi$ und $\overline{a}_i = (a_1, \ldots, a_r)$. Sei m diejenige natürliche Zahl mit $A_n^{i+1} = A_n^i \cup \{m\}$. Nach Definition von $R^{A_n^{i+1}}$, $R \in \tau$, gilt für alle $\varphi \in \Delta_{r+1}$

$$A_n^{i+1} \models \varphi(a_1, \ldots, a_r, m) \quad \Leftrightarrow \quad \varphi \in \Phi.$$

Da die Relationen auf A diejenigen auf A_n^{i+1} fortsetzen, gilt das Entsprechende auch für A anstelle von A_n^{i+1}. Damit erfüllt A das Erweiterungsaxiom χ_Φ. Insgesamt gilt also $A \models T_{\text{random}}$. □

Lemma 4.8 *Jedes Modell von T_{random} ist unendlich.*

Beweis Sei B eine endliche Struktur mit Mächtigkeit r. Es ist klar, dass jedes $(r+1)$-Erweiterungsaxiom zu je r paarweise verschiedenen Elementen einer Struktur die Existenz eines weiteren Elements fordert. B erfüllt also keines der $(r+1)$-Erweiterungsaxiome. Damit ist B nicht Modell von T_{random}. □

Lemma 4.9 *Je zwei abzählbare Modelle von T_{random} sind isomorph.*

Beweis Seien A und B abzählbare Modelle von T_{random}. Nach Lemma 4.8 sind A und B unendlich. Seien $(a_n)_{n\in\mathbb{N}}$ und $(b_n)_{n\in\mathbb{N}}$ Aufzählungen von A bzw. B. Wir definieren eine aufsteigende Folge $(f_m)_{m\in\mathbb{N}}$ partieller Isomorphismen von A nach B, so dass $f := \bigcup_{m\in\mathbb{N}} f_m$ Isomorphismus A nach B ist.

Setze $f_0 := \emptyset$. Sei f_m bereits definiert. Ist m gerade, so sei $a \in A \setminus \text{dom}(f_m)$ dasjenige Element, welches in der Aufzählung $(a_n)_{n\in\mathbb{N}}$ von A den kleinsten Index hat. Sei $r :=|\text{dom}(f_m)|$ und $\text{dom}(f_m) = \{x_1, \ldots, x_r\}$. Setze

$$\Phi := \{\varphi \in \Delta_{r+1} : A \models \varphi(x_1, \ldots, x_r, a)\}.$$

Da B ein Modell von χ_Φ ist, existiert ein $b \in B \setminus \text{ran}(f_m)$ mit

$$\Phi = \{\varphi \in \Delta_{r+1} : B \models \varphi(f_m(x_1), \ldots, f_m(x_r), b)\}.$$

Setze $f_{m+1} := f_m \cup \{(a, b)\}$. Nach Wahl von b ist f_{m+1} ein partieller Isomorphismus.

Ist m ungerade, so sei $b \in B \setminus \text{ran}(f_m)$ dasjenige Element mit dem kleinsten Index in der Aufzählung $(b_n)_{n\in\mathbb{N}}$ von B. Wie oben existiert $a \in A$, so dass $f_{m+1} := f_m \cup \{(a, b)\}$ ein partieller Isomorphismus ist. Das schließt die induktive Definition der f_m ab.

Es ist klar, dass $f = \bigcup_{m\in\mathbb{N}} f_m$ ein partieller Isomorphismus ist. Es bleibt $\text{dom}(f) = A$ und $\text{ran}(f) = B$ zu zeigen. Wir zeigen nur $\text{dom}(f) = A$. Das Argument für $\text{ran}(f) = B$ geht analog.

Angenommen, $\text{dom}(f) \neq A$. Sei $n \in \mathbb{N}$ minimal mit $a_n \in A \setminus \text{dom}(f)$. Da unterhalb von n nur endlich viele natürliche Zahlen liegen, existiert ein $m \in \mathbb{N}$, so dass n bereits minimal ist mit $a_n \in A \setminus \text{dom}(f_m)$. Da $\text{dom}(f_m)$ mit m wächst, können wir annehmen, dass m gerade ist. Nach Konstruktion von f_{m+1} ist $a_n \in \text{dom}(f_{m+1}) \subseteq \text{dom}(f)$. Ein Widerspruch. □

Lemma 4.10 *Sei A ein abzählbares Modell von T_{random}. Dann folgt eine Aussage φ genau dann aus T_{random}, wenn φ in A gilt.*

Beweis Die Aussage φ folgt genau dann nicht aus T_{random}, wenn $T_{\text{random}} \cup \{\neg\varphi\}$ widerspruchsfrei ist. Nach dem üblichen Beweis des Vollständigkeitssatzes ist letzteres genau dann der Fall, wenn $T_{\text{random}} \cup \{\neg\varphi\}$ ein abzählbares Modell hat. Da es nach Lemma 4.9 bis auf Isomorphie nur ein abzählbares Modell von T_{random} gibt, nämlich A, ergibt sich, dass φ genau dann nicht aus T_{random} folgt, wenn $\neg\varphi$ in A gilt. Mit anderen Worten, φ folgt genau dann aus T_{random}, wenn A Modell von φ ist. □

Beweis von Satz 4.5 Nach Lemma 4.6 gelten alle Aussagen in T_{random} fast sicher. Nach Lemma 4.3 gelten alle Sätze φ, die aus T_{random} folgen, fast sicher.

Nach Lemma 4.10 folgt eine Aussage φ genau dann aus T_{random}, wenn φ in dem bis auf Isomorphie eindeutigen abzählbaren Modell A von T_{random} gilt. Da jede

Aussage φ in A entweder wahr oder falsch ist, folgt entweder φ oder $\neg\varphi$ aus T_{random}. Damit ist für jede Aussage φ entweder $l(\varphi) = 1$ oder $l(\varphi) = 0$. □

Zum Schluss dieses Kapitels bemerken wir noch, dass Satz 4.5 auch relativ zur Klasse aller Graphen gilt. Dazu fixieren wir ein endliches Vokabular τ, das nur Relationssymbole enthält, darunter mindestens ein zweistelliges Relationssymbol E. Ein τ-Struktur G ist ein **τ-Graph,** falls G die Aussage ψ erfüllt, wobei

$$\psi := \forall x \neg E(x, x) \wedge \forall x \forall y (E(x, y) \rightarrow E(y, x))$$

sei.

Satz 4.11 Sei H die Klasse aller τ-Graphen. Dann gilt für jede τ-Aussage φ entweder $l(\varphi|H) = 0$ oder $l(\varphi|H) = 1$.

Beweis Der Beweis von Satz 4.5 geht im wesentlichen auch in diesem Fall durch. Man muss allerdings diejenigen Erweiterungsaxiome weglassen, die der Symmetrie von E widersprechen, die also für gewisse x und y gleichzeitig $E(x, y)$ und $\neg E(y, x)$ fordern. Außerdem muss man diejenigen Erweiterungsaxiome weglassen, die für gewisse x die Relation $E(x, x)$ fordern. Insgesamt betrachtet man also genau die Menge der Erweiterungsaxiome, die mit ψ vereinbar sind.

Wie oben kann man zeigen, dass es genau einen abzählbaren τ-Graphen gibt, der Modell dieser etwas ausgedünnten Menge von Erweiterungsaxiomen ist. Außerdem kann man zeigen, dass diejenigen Erweiterungsaxiome, die mit ψ vereinbar sind, in fast allen τ-Graphen gelten. □

Besteht τ nur aus dem zweistelligen Relationssymbol E, so nennt man das bis auf Isomorphie eindeutige abzählbare Modell der mit ψ vereinbaren Erweiterungsaxiome den **Zufallsgraphen** oder **Rado-Graphen.**

Diejenigen Aussagen über Graphen, die in fast allen Graphen gelten, sind also genau die Aussagen, die im Zufallsgraphen gelten.

5 Zweitstufige Logik und reguläre Sprachen

5.1 Zweitstufige Prädikatenlogik und monadische Prädikatenlogik zweiter Stufe

Die **zweitstufige Prädikatenlogik** erlaubt die Quatifikation über Relationen auf der unterliegenden Menge einer Struktur. Sei dazu τ ein zunächst beliebiges Vokabular. Wir erweitern die erststufige Prädikatenlogik um abzählbar unendlich viele zweitstufige Variablen, die wir üblicher Weise mit X, X_1, X_2, Y, Z und so weiter bezeichnen. Jede zweitstufige Variable trägt dabei eine Stelligkeit $n \geq 1$. Sei VAR die Menge der zweitstufigen Variablen. Eine n-stellige zweitstufige Variable kann genauso wie ein n-stelliges Relationssymbol eingesetzt werden. Außerdem erlauben wir Quantoren von der Form $\exists X$ über zweitstufige Variablen. Zur Unterscheidung zwischen erst- und zweitstufigen Variablen nennt man erststufige Variablen auch Individuenvariablen.

Der Vollständigkeit halber geben wir die genauen Regel zur Erzeugung **zweitstufiger Formeln (SO-Formeln)** an. Eine zweitstufige τ-Formel ist eine Zeichenkette, die sich durch mehrfache Anwendung der folgenden Regeln erzeugen lässt:

(SO1) Sind t_1 und t_2 Terme über τ, so ist $(t_1 = t_2)$ eine SO-Formel über τ .
(SO2) Ist $R \in \tau$ ein n-stelliges Relationssymbol in τ oder eine n-stellige zweitstufige Variable und sind $t_1, \ldots, t_n$ Terme über τ, so ist $R(t_1, \ldots, t_n)$ eine SO-Formel über τ.
(SO3) Ist X eine n-stellige zweitstufige Variable und sind $t_1, \ldots, t_n$ Terme über τ, so ist $X(t_1, \ldots, t_n)$ eine SO-Formel über τ.
(SO4) Ist φ eine SO-Formel über τ, so auch $\neg\varphi$.
(SO5) Sind φ und ψ SO-Formeln über τ, so ist auch $(\varphi \vee \psi)$ eine SO-Formel über τ.
(SO6) Ist φ eine SO-Formel über τ und $x \in$ Var, so ist $\exists x\varphi$ eine SO-Formel über τ.
(SO7) Ist φ eine SO-Formel über τ und $X \in$ VAR, so ist $\exists X\varphi$ eine SO-Formel über τ.

© Der/die Autor(en), exklusiv lizenziert an Springer-Verlag GmbH, DE, ein Teil von Springer Nature 2023

S. Geschke, *Endliche Modelltheorie*, https://doi.org/10.1007/978-3-662-68322-4_5

Die Gültigkeit einer zweitstufigen Formel wird auf die naheliegende Weise erklärt. Eine SO-Formel φ kann erststufige und zweitstufige Variablen enthalten. Diese können jeweils wieder frei oder im Geltungsbereich eines Quantors vorkommen. Wir schreiben $\varphi(x_1, \ldots, x_n, Y_1, \ldots, Y_m)$ um auszudrücken, dass in φ höchstens die erststufigen Variablen $x_1, \ldots, x_n$ und höchstens die zweitstufigen Variablen $Y_1, \ldots, Y_m$ frei vorkommen. Bei dieser Notation müssen nicht notwendiger Weise erst die erststufigen und dann die zweitstufigen Variablen aufgeführt werden. Ob eine Variable erst oder zweitstufig ist, erkennt man daran, dass wir zweitstufige Variablen immer mit einem Großbuchstaben schreiben.

Wir fixieren nun eine τ-Struktur $\mathcal{A} = (A, \ldots)$. Die Gültigkeit erststufiger Formeln über τ, also von SO-Formeln über τ, in denen keine zweitstufigen Variablen vorkommen, ist genauso erklärt wie Abschn. 2.3. Ebenso die Gültigkeit von Disjunktionen ($\vee$-Verknüpfungen) und Negationen von Formeln. Sei nun $X \in$ VAR m-stellig und seien $t_1(x_1, \ldots, x_n), \ldots, t_m(x_1, \ldots, x_n)$ τ-Terme. Ist $\varphi(X, x_1, \ldots, x_n) = X(t_1, \ldots, t_m)$, $R \subseteq A^m$ und sind $a_1, \ldots, a_n \in A$, so gilt

$$\mathcal{A} \models \varphi(R, a_1, \ldots, a_n) \quad \Leftrightarrow \quad (t_1^{\mathcal{A}}(a_1, \ldots, a_n), \ldots, t_m^{\mathcal{A}}(a_1, \ldots, a_n)) \in R.$$

Es bleibt ein Fall weiterer Fall zu betrachten, der bei erststufigen Formeln nicht vorkommt, nämlich die Gültigkeit einer zweitstufigen Formel der Form $\exists X \varphi$, wobei X eine k-stellige zweitstufige Variable ist und $\varphi(X, Y_1, \ldots, Y_m, x_1, \ldots, x_n)$ eine SO-Formel über τ. Es seien $S_1, \ldots, S_m$ Relationen auf $\mathcal{A}$, so dass für alle $i \in \{1, \ldots, m\}$ die Stelligkeit von S_i genau die Stelligkeit von X_i ist. Weiter seien $a_1, \ldots, a_n \in A$. Dann gilt

$$\mathcal{A} \models (\exists X \varphi)(S_1, \ldots, S_m, a_1, \ldots, a_n)$$

genau dann, wenn es eine k-stellige Relation R auf A gibt, so dass

$$\mathcal{A} \models \varphi(R, S_1, \ldots, S_m, a_1, \ldots, a_n)$$

gilt.

Die **monadische Prädikatenlogik zweiter Stufe** (kurz **MSO** für monadic second order logic) ist die Einschränkung der zweitstufigen Prädikatenlogik auf Formeln, in denen nur zweitstufige Quantoren über einstellige Relationen, also Teilmengen von Strukturen, vorkommen.

Eine Eigenschaft von Graphen, die sich zum Beispiel mit Hilfe einer MSO-Aussage ausdrücken lässt, ist der **Zusammenhang.** Ein Graph ist genau dann zusammenhängend, wenn es zwischen je zwei verschiedenen Ecken des Graphen einen Weg gibt. Das lässt sich mit Hilfe eines Quantors über eine mehrstellige Relation ausdrücken, es geht aber auch in MSO.

Sei X eine einstellige zweitstufige Variable und E das Symbol für die zweistellige Kantenrelation von Graphen. Wir betrachten wir die Aussage

$$\varphi = \forall X(\exists x \exists y(X(x) \wedge \neg X(y)) \to \exists x \exists y(X(x) \wedge \neg X(y) \wedge E(x, y)).$$

Diese Aussage drückt aus, dass es für jede nichtleere Menge X von Ecken eines Graphen $G = (V, E)$, deren Komplement auch nicht leer ist, eine Kante gibt, die zwischen der Menge X und ihrem Komplement verläuft. Genau die zusammenhängenden Graphen erfüllen die Aussage φ. Ist nämlich $G = (V, E)$ zusammenhängend und $X \subseteq V$ nicht leer mit nichtleerem Komplement, so gibt es einen Weg von einer Ecke in X zu einer Ecke im Komplement von X. Dieser Weg verlässt X irgendwann, und zwar mit Hilfe einer Kante von X in das Komplement von X. Also gilt φ. Erfüllt umgekehrt der Graph G die Aussage φ, so betrachten wir für eine feste Ecke v von G die Menge X aller Ecken, die in G von v aus durch Wege erreichbar sind. Aus der Definition von X folgt, dass es keine Kante von X in das Komplement von X gibt. Da G die Aussage φ erfüllt und X nicht leer ist, muss das Komplement von X leer sein. Es folgt, dass sich jede Ecke von G von v aus durch einen Weg erreichen lässt. Damit ist G zusammenhängend.

5.2 Reguläre Sprachen und endliche Automaten

In den folgenden Abschnitten werden wir die Zusammenhänge zwischen endlicher Modelltheorie und Komplexitätstheorie studieren. Ein übliches Berechnungsmodell sind dabei Turing-Maschinen, die wir in Kap. 6 diskutieren. In diesem Abschnitt widmen wir uns zunächst den endlichen Automaten, die man als vereinfachte Turing-Maschinen auffassen kann.

Endliche Automaten sind theoretische Maschinen, die gewisse Sprachen erkennen: Ein **Alphabet** ist zunächst eine beliebige Menge Σ. Ein **Wort** über Σ ist eine endliche Folge von Elementen von Σ, die wir als Zeichenkette mit Zeichen aus Σ interpretieren. Mit Σ^* bezeichnen wir die Menge aller Wörter über Σ. Über jedem Alphabet gibt es auch ein Wort der Länge null, das **leere Wort.** Eine **Sprache** über Σ ist eine Menge von Wörtern über Σ.

Zum Beispiel ist die Menge der erststufigen Formeln über einem festen Vokabular τ eine Sprache über dem in Abschn. 2.2 angegebenen Alphabet

$$\{\exists, \vee, \neg, =, (,)\} \cup \tau \cup \mathrm{Var}\,.$$

Ein **deterministischer endlicher Automat** $A = (Q, \Sigma, \delta, s, F)$ besteht aus einer endlichen Menge Q von **Zuständen**, einem ausgezeichneten Startzustand $s \in Q$, einer Menge $F \subseteq Q$ von **akzeptierenden Zuständen**, einem endlichen **Eingabealphabet** Σ und einer **Übergangsfunktion** $\delta : Q \times \Sigma \to Q$. Der Automat erhält als Eingabe ein Wort $w = v_1 \dots v_n$ über Σ, wobei v_i jeweils das i-te Zeichen des Worts ist. Der Fall $n = 0$ ist dabei erlaubt. In diesem Fall ist w das leere Wort. Der Automat befindet sich zunächst im Startzustand $q_0 = s$. Ist w das leere Wort, so endet die Berechnung bereits im Startzustand s. Sonst wird das erste Zeichen v_1 gelesen und der Automat geht in den Zustand $q_1 = \delta(q_0, v_1)$ über. Nach dem i-ten Schritt befindet sich der Automat in einem Zustand q_i. Ist $i < n$, so wird als nächstes das Zeichen v_{i+1} gelesen und der Automat geht in den Zustand $q_{i+1} = \delta(q_i, v_{i+1})$. Ist schließlich $i = n$, so endet die Berechnung im Zustand q_n. Ist $q_n \in F$, so **akzeptiert** der Automat das Wort w. Sonst **lehnt** der Automat das Wort w **ab**. Die Menge der Wörter über Σ, die von A akzeptiert werden, ist die von A **akzeptierte Sprache** $L(A)$. Die Berechnung des Automaten wird durch die Folge $q_0, \ldots, q_n$ der im Laufe der Berechnung eingenommenen Zustände beschrieben. Man beachte, das die Anzahl der Übergänge zwischen Zuständen dabei genau die Länge des gelesenen Wortes ist. Die Anzahl der Rechenschritte ist also linear in der Länge der Eingabe.

Eine Sprache heißt **regulär,** wenn sie von einem deterministischen endlichen Automaten akzeptiert wird. Reguläre Sprachen können auch mittels regulärer Ausdrücke oder mittels regulärer Grammatiken definiert werden. Die Darstellung mittels endlicher Automaten hat den Vorteil, dass sich aus einem endlichen Automaten A schnell ein Computerprogramm erstellen lässt, das genau die Wörter in $L(A)$ erkennt. Die Sprache der erststufigen Formeln über einem festen Vokabular ist übrigens nicht regulär, auch nicht, wenn man sich auf endlich viele Variablen beschränkt. Das liegt daran, dass endliche Automaten kein Gedächtnis haben und damit nicht erkennen können, ob ein Wort genauso viele öffnende wie schließende Klammern enthalten.

Es gibt auch **nicht-deterministische endliche Automaten,** die anstelle der Übergangsfunktion δ eines deterministischen Automaten nur eine **Übergangsrelation** Δ besitzen. Ist Σ das Alphabet des Automaten und Q die Menge der Zustände, so ist $\Delta \subseteq (Q \times \Sigma) \times \Sigma$. Wenn der Automat ein Zeichen v liest, geht er aus dem aktuellen Zustand q in einen Zustand p über, für den $((q, v), p) \in \Delta$ gilt. Da Δ keine Funktion ist, ist p nicht unbedingt eindeutig bestimmt. Gibt es gar kein p mit $((q, v), p) \in \Delta$, so lehnt der nicht-deterministische Automat die Eingabe ab. Der Automat akzeptiert die Eingabe, wenn es eine mögliche Berechnung gibt, die in einem akzeptierenden Zustand endet. Der Automat lehnt die Eingabe ab, wenn es keine Berechnung gibt, die in einem akzeptierenden Zustand endet.

Im Falle deterministischer Automaten kann man, indem man die Menge der akzeptierenden Zustände durch ihr Komplement ersetzt, aus einem Automaten, der eine Sprache L über einem Alphabet Σ akzeptiert, schnell einen Automaten konstruieren, der das Komplement von L, also die Sprache $\Sigma^* \setminus L$, akzeptiert. Im Falle nicht-deterministischer Automaten ist das nicht so einfach, da Akzeptieren und Ablehnen von Wörtern nicht symmetrisch definiert sind. Allerdings lässt sich mit Hilfe der sogenannten **Potenzmengenkonstruktion** aus jedem nicht-deterministischen Automaten ein deterministischer Automat konstruieren, der dieselbe Sprache akzeptiert. Wir skizzieren diese Konstruktion kurz und beweisen, dass sie funktioniert.

Dazu sei $A = (Q, \Sigma, \Delta, s, F)$ ein endlicher, nicht-deterministischer Automat. Wir definieren einen deterministischen Automaten A', der dieselbe Sprache akzeptiert. Dazu sei Q' die Potenzmenge von Q. Das Alphabet Σ bleibt unverändert. Für jedes $q' \in Q'$ und jedes Zeichen $v \in \Sigma$ setzen wir

$$\delta(q', v) = \{p \in Q : \text{Es gibt ein } q \in q' \text{ mit } ((q, v), p) \in \Delta\}.$$

Es ist klar, dass δ eine Funktion von $Q' \times \Sigma$ nach Q' ist. Der Startzustand s' von A' sei die Menge $\{s\}$. Die Menge F' der akzeptierenden Zustände von A' sei die Menge $\{S \subseteq Q : S \cap F \neq \emptyset\}$. Das definiert einen deterministischen endlichen Automaten $A' = (Q', \Sigma, \delta, s', F')$.

Lemma 5.1 *Der deterministische Automat A', der durch die Potenzmengenkonstruktion aus dem nicht-deterministischen Automaten A gewonnen wurde, akzeptiert dieselbe Sprache wie A.*

Beweis Sei $w = v_1 \dots v_n \in \Sigma^*$. Angenommen, A akzeptiert die Eingabe w. Sei $q_0, q_1, \dots, q_n$ die Folge der Zustände, die A bei einer akzeptierenden Berechnung bei Eingabe von w durchläuft, mit $q_0 = s$. Weiter sei $q'_0, q'_1, \dots, q'_n$ die Folge der Zustände, die A' beim Lesen von w durchläuft. Nach der Definition von δ gilt dann $q_i \in q'_i$ für alle $i \in \{1, \dots, n\}$. Da A das Wort w akzeptiert, ist $q_n \in F$. Damit gilt $q'_n \in F'$. Also akzeptiert A' ebenfalls das Wort w.

Umgekehrt nehmen wir an, dass A' das Wort w akzeptiert. Sei $q'_0, q'_1, \dots, q'_n$ die Folge der Zustände, die A' beim Lesen von w durchläuft. Es gilt dann $q'_0 = \{s\}$. Dann ist $q'_n \in F'$ und damit existiert ein Zustand $q_n \in F \cap q'_n$. Ist $n = 0$, so ist $q_n = s \in F$ und A akzeptiert w. Ist $n > 0$, so gilt $\delta(q'_{n-1}, v_n) = q'_n$. Nach Definition von δ gibt es $q_{n-1} \in q'_{n-1}$ mit $((q_{n-1}, v_n), q_n) \in \Delta$. Rekursiv wählen wir mit absteigendem i für alle $i \in \{1, \dots, n\}$ ein $q_{i-1} \in q'_{i-1}$ mit $((q_{i-1}, v_i), q_i) \in \Delta$. Wegen $q'_0 = \{s\}$ ist $q_0 = s$. Es folgt, dass $q_0, \dots, q_n$ eine akzeptierende Berechnung von A ist. Damit akzeptieren A und A' dieselben Wörter. □

Obwohl allgemeiner, sind nicht-deterministische Automaten also nicht mächtiger als deterministische Automaten. Die von nicht-deterministischen Automaten akzeptierten Sprachen sind genau die regulären. Unter Umständen ist ein nicht-deterministischer Automat, der eine gewisse Sprache L akzeptiert, aber viel kleiner, als ein entsprechender deterministischer Automat. Wir schließen diesen Abschnitt mit einem Satz über die Abschlusseigenschaften der Klasse der regulären Sprachen über einem festen Alphabet.

Satz 5.2

a) Sei Σ ein endliches Alphabet und L_1 und L_2 reguläre Sprachen über Σ. Dann sind auch $\Sigma^* \setminus L_1$, $L_1 \cap L_2$ und $L_1 \cup L_2$ regulär.
b) Sei I eine beliebige Menge. Wir betrachten das Alphabet $\Sigma_1 \times \Sigma_2$. Ist $w = (v_1, a_1) \dots (v_n, a_n)$ ein Wort über $\Sigma_1 \times \Sigma_2$, so ist die Projektion $p(w)$ das Wort $v_1 \dots v_n$ über Σ_1. Ist L eine reguläre Sprache über $\Sigma_1 \times \Sigma_2$, so ist die **Projektion** $p[L] = \{p(w) : w \in p(w)\}$ auf Σ_1 eine reguläre Sprache über Σ_1.

Beweis

a) Wir schreiben $\overline{L}$ für $\Sigma \setminus L$. Die Regularität von $\overline{L_1}$ haben wir oben schon diskutiert: aus einem deterministischen Automaten, der L_1 akzeptiert lässt sich durch das Ersetzen der Menge der akzeptierenden Zustände durch ihr Komplement ein Automat konstruieren, der genau die Sprache $\overline{L_1}$ akzeptiert.

Die Regularität von

$$L_1 \cup L_2 = \overline{\overline{L_1} \cap \overline{L_2}}$$

folgt nun, wenn wir gezeigt haben, dass die regulären Sprachen unter Durchschnitten abgeschlossen sind.

Seien nun also A und B deterministische endliche Automaten, die L_1 bzw. L_2 akzeptieren. Wir konstruieren einen neuen Automaten C, der $L_1 \cap L_2$ akzeptiert. Dazu sei Q_A die Menge der Zustände von A und Q_B die Menge der Zustände von B. Die Startzustände der Automaten seien s_A und s_B, die Mengen der akzeptierenden Zustände F_A und F_B. Schließlich seien δ_A und δ_B die Übergangsfunktionen. Die Menge der Zustände von C sei $Q_A \times Q_B$, der Startzustand (s_A, s_B) und die Menge der akzeptierenden Zustände $F_A \times F_B$. Die Übergangsfunktion sei gegeben durch $\delta_C((q, p), v) = (\delta_A(q, v), \delta_B(p, v))$. C führt also parallel die Berechnungen von A und B durch und akzeptiert ein Wort genau dann, wenn A und B beide das Wort akzeptieren. Also akzeptiert C die Sprache $L_1 \cap L_2$, die damit regulär ist.

b) Ist L eine reguläre Sprache über $\Sigma_1 \times \Sigma_2$, so existiert ein deterministischer Automat $A = (Q, \Sigma_1 \times \Sigma_2, \delta, s, F)$, der L akzeptiert. Wir definieren einen nichtdeterministischen Automaten $A' = (Q, \Sigma_1, \Delta, s, F)$, der die Projektion von L akzeptiert. Dabei kann A' genau dann aus einem Zustand q_1 beim Lesen von $u \in \Sigma_1$ in den Zustand q_2 übergehen, wenn es ein $v \in \Sigma_2$ gibt, so dass A beim Lesen von $(u, v) \in \Sigma_1 \times \Sigma_2$ aus q_1 in den Zustand q_2 übergeht.
   Wie man leicht sieht, akzeptiert A' genau dann ein Wort $w \in \Sigma_2^*$, wenn w die Projektion eines Wortes aus L ist. □

5.3 Wortstrukturen und MSO

Wir wollen im Folgenden Wörter als Strukturen auffassen, über die wir dann mit Hilfe von MSO-Aussagen sprechen können. Dazu fixieren wir zunächst ein endliches Alphabet Σ und ordnen jedem Wort $w = v_1 \dots v_n$ in folgender Weise eine endliche Struktur $\mathcal{M}_w$ zu, die **Wortstruktur** von w. Für jedes Zeichen $v \in \Sigma$ sei P_v ein einstelliges Relationssymbol. Außerdem sei $<$ ein zweistelliges Relationssymbol. Das betrachtete Vokabular ist also die Menge $\{P_v : v \in \Sigma\} \cup \{<\}$. Die unterliegende Menge von $\mathcal{M}_w$ ist $\{1, \dots, n\}$. Die Interpretation von $<$ ist die naheliegende. Jedes einstellige Relationssymbol P_v, $v \in \Sigma$, wird durch die Menge $\{j : 1 \leq j \leq n \wedge v_j = v\}$ interpretiert.

Es stellt sich heraus, dass eine Sprache L über Σ genau dann regulär ist, wenn sich die Klasse der Wortstrukturen von Wörtern in L durch eine MSO-Aussage axiomatisieren lässt. Das ist der folgende Satz von Büchi, der sich als eines der ersten Resultate der deskriptiven Komplexitätstheorie betrachten lässt.

Satz 5.3 Eine Sprache L über einem endlichen Alphabet Σ ist genau dann regulär, wenn es eine MSO-Aussage φ gibt, so dass $L = \{w \in \Sigma^* : \mathcal{M}_w \models \varphi\}$ gilt.

Beweis Wir beginnen mit der **Axiomatisierung regulärer Sprachen** durch MSO-Aussagen. Sei also L eine reguläre Sprache über dem Alphabet Σ. Dann existiert ein endlicher Automat A mit $L = L(A)$. Sei $Q = \{q_1, \ldots, q_m\}$ die Menge der Zustände von A und F die Menge der akzeptierenden Zustände von A. Für jeden Zustand q_i von A wählen wir eine einstellige zweitstufige Variable X_i. Die gesuchte MSO-Aussage, die $L(A)$ axiomatisiert, wird die Form $\exists X_1 \ldots \exists X_m \varphi$ haben, wobei φ eine erststufige Aussage über dem Vokabular $\{X_1, \ldots, X_m, <\} \cup \{P_v : v \in \Sigma\}$ ist. Dabei ist die Anzahl der zweitstufigen Variablen X_i genau die Anzahl der Zustände von A.

Die Idee für die Konstruktion dieser Aussage ist es, mit Hilfe der einstelligen Relationen, für die die Variablen X_i stehen, die Berechnung des Automaten zu simulieren. Dabei kommt uns zugute, dass der Automat A für jedes eingegebene Zeichen genau einen Rechenschritt, also einen Übergang zwischen zwei Zuständen macht. Ist ein Wort $w = v_1 \ldots v_n \in \Sigma^*$ gegeben, so soll $X_i^{\mathcal{M}_w}$ die Menge derjenigen $j \in \{1, \ldots, n\}$ sein, für die der Automat A nach dem Lesen des Zeichens v_j im Zustand q_i ist. Die Mengen $X_i^{\mathcal{M}_w}$ müssen also paarweise disjunkt sein und ganz $\{1, \ldots, n\}$ überdecken. Gilt $j \in X_i^{\mathcal{M}_w}$, so ist $j + 1 \in X_k^{\mathcal{M}_w}$, wobei $k \in \{1, \ldots, m\}$ so gewählt ist, dass $q_k = \delta(q_i, v_{j+1})$ gilt. Man beachte, dass v_{j+1} das eindeutig bestimmte $v \in \Sigma$ ist, für das $j + 1 \in P_v^{\mathcal{M}_k}$ gilt.

Zunächst definieren wir die Formel $S(x, y)$ als

$$(x < y) \wedge \forall z \neg((x < z) \wedge (y < z)).$$

$S(x, y)$ besagt, dass y der direkte Nachfolger von x in der Ordnung $<$ ist. Weiter sei

$$\psi_1 = \forall x \left(\big(X_1(x) \vee \cdots \vee X_m(x)\big) \wedge \bigwedge_{1 \leq i < k \leq m} \neg\big(X_i(x) \wedge X_k(x)\big) \right).$$

Die Formel ψ_1 drückt aus, dass die Mengen $X_i^{\mathcal{M}_w}$ eine Partition der unterliegenden Menge $\{1, \ldots, n\}$ bilden. Nun sei $f : \{1, \ldots .m\} \times \Sigma \to \{1, \ldots, m\}$ eine Funktion, so dass für alle $i \in \{1, \ldots, m\}$ und alle $v \in \Sigma$ die Gleichung $q_{f(i,v)} = \delta(q_i, v)$ gilt. Wir setzen

$$\psi_2 = \forall x \forall y \left(S(x, y) \wedge \bigwedge_{1 \leq i \leq m} \bigwedge_{v \in \Sigma} \big((X_i(x) \wedge P_v(y)) \to X_{f(i,v)}(y)\big) \right).$$

Die Formel ψ_2 drückt das Folgende aus: Immer, wenn y der direkte Nachfolger von x ist, y für das Zeichen v steht und sich der Automat gerade im Zustand q_i befindet, dann geht A nach dem Lesen von v in den Zustand $q_{f(i,v)} = \delta(q_i, v)$ über.

Als letzten Baustein definieren wir

$$\psi_3 = \forall x \left(\forall y \neg(x < y) \to \bigvee_{1 \leq i \leq m \wedge q_i \in F} X_i(x) \right).$$

Diese Formel drückt aus, dass sich der Automat nach dem Lesen des letzten Zeichens in einem akzeptierenden Zustand befindet. Schließlich setzen wir

$$\varphi = (\psi_1 \wedge \psi_2 \wedge \psi_3).$$

Dann axiomatisiert $\exists X_1 \ldots \exists X_n \varphi$ die Sprache L.

Nun müssen wir die **Regularität durch MSO-Aussagen axiomatisierbarer Sprachen** zeigen, dass also für jede MSO-Aussage φ die Sprache der Wörter w über Σ, für die $\mathcal{M}_w \models \varphi$ gilt, regulär ist. Eine naheliegende Strategie ist es dabei, durch Induktion über den Aufbau von φ zu zeigen, dass es einen endlichen Automaten gibt, der diese Sprache akzeptiert. Dabei ist es egal, ob dieser Automat deterministisch ist oder nicht, da beide Klassen von Automaten dieselben Sprachen, nämlich reguläre Sprachen, akzeptieren. Allerdings treten bei der Induktion möglicher Weise Teilformeln von φ auf, die keine Aussagen sind. Wir müssen also über Belegungen von Variablen reden können. Dazu erweitern wir unser Alphabet. Jedes Zeichen soll zusätzlich noch eine binäre Folge der Länge ℓ tragen, wobei ℓ die Zahl der verschiedenen Variablen ist, die in der ursprünglichen Aussage φ vorkommen, unabhängig davon, ob es sich um erststufige oder zweitstufige Variablen handelt. Das neue Alphabet ist also $\Sigma \times \{0, 1\}^\ell$, wobei wir annehmen, dass in der ursprünglich betrachteten Aussage φ die Variablen $x_1, \ldots, x_k, Y_{k+1}, \ldots, Y_\ell$ auftreten. Jedes Zeichen hat die Form (v, b) mit $v \in \Sigma$ und $b = b^1 \ldots b^\ell \in \{0, 1\}^\ell$. Wir zeigen, dass die durch φ axiomatisierte Sprache die Projektion einer regulären Sprache über $\Sigma \times \{0, 1\}^\ell$ auf die erste Komponente Σ ist.

Dazu kodieren wir zunächst jedes Wort $w = v_1 \ldots v_n \in \Sigma^*$ zusammen mit einer Belegung der Variablen $x_1, \ldots, x_k$ und $Y_{k+1}, \ldots, Y_\ell$ mit Elementen bzw. Teilmengen der Struktur $\mathcal{M}_w$ wie folgt: Seien $a_1, \ldots, a_k \in \{1, \ldots, n\}$ und $R_{k+1}, \ldots, R_n \subseteq \{1, \ldots, n\}$. Dann sei $\mathrm{encode}(w, a_1, \ldots, a_k, R_{k+1}, \ldots, R_n)$ das Wort

$$(v_1, b_1) \ldots (v_n, b_n) \in (\Sigma \times \{0, 1\}^\ell)^*$$

mit den folgenden Eigenschaften:

1. Für alle $i \in \{1, \ldots, n\}$ und alle $j \in \{1, \ldots, k\}$ ist $b_i^j = 1$, falls $a_j = i$ gilt, und sonst 0.
2. Für alle $i \in \{1, \ldots, n\}$ und alle $j \in \{k + 1, \ldots, \ell\}$ ist $b_i^j = 1$, falls $i \in R_j$ gilt, und sonst 0.

Das Wort $\mathrm{encode}(w, a_1, \ldots, a_k, R_{k+1}, \ldots, R_\ell)$ gibt also an, mit welchen Werten in $\{1, \ldots, n\}$ die erststufigen Variablen belegt wurden, und auch, mit welchen Teilmengen von $\{1, \ldots, n\}$ die zweitstufigen Variablen belegt wurden.

Zunächst stellen wir fest, dass die Sprache aller Wörter der Form

$$\mathrm{encode}(w, a_1, \ldots, a_k, R_{k+1}, \ldots, R_\ell)$$

für festes k und festes ℓ regulär ist. Sei nämlich

$$w' = (v_1, b_1) \ldots (v_n, b_n) \in (\Sigma \times \{0, 1\}^\ell)^*.$$

Dann ist w' genau dann von der Form

$$\text{encode}(w, a_1, \ldots, a_k, R_{k+1}, \ldots, R_n),$$

wenn es für jedes $j \in \{1, \ldots, k\}$ genau ein $i \in \{1, \ldots, n\}$ gibt, so dass $b_i^j = 1$ ist.

Für gegebenes $j \in \{1, \ldots, k\}$ habe der Automat A_j die Zustände s, f und q, wobei s der Startzustand ist und f der einzige akzeptierende Zustand. Der deterministische Automat bleibt jeweils im selben Zustand, wenn $(v, b) \in \Sigma \times \{0, 1\}^\ell$ mit $b^j = 0$ gelesen wird. Befindet sich der Automat im Zustand s und wird (v, b) mit $b^j = 1$ gelesen, so geht der Automat in den Zustand f über. Ist der Automat im Zustand f und wird wieder (v, b) mit $b^j = 1$ gelesen, so geht er in den Zustand q über. Es ist klar, dass A_j genau die Wörter

$$w' = (v_1, b_1) \ldots (v_n, b_n) \in (\Sigma \times \{0, 1\}^\ell)^*$$

akzeptiert, bei denen genau ein $b_i^j = 1$ ist. Da nach Satz 5.2 Durchschnitte regulärer Sprachen wieder regulär sind, ist also auch die Sprache, die für festes k und festes ℓ aus den Wörtern der Form

$$\text{encode}(w, a_1, \ldots, a_k, R_{k+1}, \ldots, R_\ell)$$

besteht, regulär.

Es bleibt zu zeigen, dass es für alle Teilformeln von φ Automaten gibt, die Wörter der Form $\text{encode}(w, a_1, \ldots, a_k, R_{k+1}, \ldots, R_\ell)$ genau dann akzeptieren, wenn $\mathcal{M}_w$ die Teilformel bei Belegung der Variablen $x, \ldots, x_k, Y_{k+1}, \ldots, Y_\ell$ mit $a_1, \ldots, a_k$, $R_{k+1}, \ldots, R_\ell$ erfüllt. Dazu betrachten wir zunächst **atomare Formeln,** also Formeln der Form $x_i = x_j$, $x_i < x_j$, $P_v(x_i)$ oder $Y_j(x_i)$.

Der Automat für $x_i = x_j$ besitzt nur zwei Zustände, den Startzustand und den akzeptierenden Zustand. Bei Eingabe von (v, b) betrachtet der Automat nur die i-te und die j-te Komponente von b. Vom Startzustand in den Startzustand ist der Übergang unabhängig von der Eingabe immer möglich, ebenso vom akzeptierenden Zustand in den akzeptierenden Zustand. Nur falls b^i und b^j beide 1 sind, so kann der Automat vom Startzustand in den akzeptierenden Zustand übergehen. Ist

$$w' = (v_1, b_1) \ldots (v_n, b_n) = \text{encode}(w, a_1, \ldots, a_k, R_{k+1}, \ldots, R_\ell),$$

so akzeptiert dieser Automat das Wort w' genau dann, wenn $a_i = a_j$ ist, wie gewünscht.

Der Automat für $x_i < x_j$ betrachtet bei Eingabe von (v, b) auch nur die i-te und die j-te Komponente von b und besitzt drei Zustände, den Startzustand s, einen zweiten Zustand q und den akzeptierenden Zustand f. Ist $b^i = 1$ und $b^j = 0$, so geht der Automat von s nach q über. Ist $b^j = 1$, so geht der Automat von q nach f über. In allen anderen Fällen bleibt der Automat im aktuellen Zustand. Ist

$$w' = (v_1, b_1) \ldots (v_n, b_n) = \text{encode}(w, a_1, \ldots, a_k, R_{k+1}, \ldots, R_\ell),$$

so akzeptiert dieser Automat das Wort w' genau dann, wenn $a_i < a_j$ ist, wie gewünscht.

Der Automat für $P_v(x_i)$ hat wieder nur den Startzustand s und einen akzeptierenden Zustand f. Wenn der Automat das Paar (v, b) liest und $b^i = 1$ gilt, so geht er von s nach f über. In allen anderen Fällen bleibt der Automat im aktuellen Zustand.

Der Automat für $Y_j(x_i)$ hat ebenfalls nur den Startzustand s und den akzeptierenden Zustand f. Der Übergang von s nach f erfolgt genau dann, wenn der Automat ein Zeichen (v, b) liest, bei dem b^i und b^j beide den Wert 1 haben. In allen anderen Fällen bleibt der Automat im aktuellen Zustand.

Damit sind alle atomaren Formeln berücksichtigt. Ist die Teilformel von der Form $\neg\psi$ und lässt sich die Gültigkeit von ψ mittels eines endlichen Automaten überprüfen, so trifft das nach Satz 5.2 auch auf $\neg\psi$ zu. Lassen sich die Gültigkeiten von zwei Formeln ψ und χ durch endliche Automaten überprüfen, so nach Satz 5.2 auch die von $\psi \vee \chi$.

Es bleiben die erst- und zweitstufigen **Existenzquantoren.** Wir betrachten zunächst eine Teilformel der Form $\exists Y_j\psi$. Wir nehmen an, dass es einen nicht-deterministischen endlichen Automaten $A = (Q, \Sigma \times \{0, 1\}^\ell, \Delta, s, F)$ gibt, der entscheidet, ob $\mathcal{M}_w$ bei gegebener Belegung der Variablen die Formel ψ erfüllt. Wir konstruieren einen nicht-deterministischen endlichen Automaten A' der sich von A nur durch die Übergangsrelation unterscheidet. Sei $v \in \Sigma$ und $b = b^1 \dots b^\ell \in \{0, 1\}^\ell$. Weiter sei c diejenige binäre Folge der Länge ℓ, die aus b entsteht, wenn b^j durch 0 ersetzt wird. Entsprechend sei d die Folge, die entsteht, wenn man b^j durch 1 ersetzt. Wenn A beim Lesen des Zeichens (v, c) oder (v, d) aus dem Zustand q in den Zustand p übergehen kann, so fügen wir $((q, (v, b)), p)$ der Übergangsrelation Δ' von A' hinzu. In diesem Falle kann A' also beim Lesen von (v, b) vom Zustand q in den Zustand p übergehen, unabhängig vom Wert von b^j.

Es ist klar, dass A' ein Wort $(v_1, b_1) \dots (v_n, b_n) \in (\Sigma \times \{0, 1\}^\ell)^*$ genau dann akzeptiert, wenn man die j-ten Stellen der b_i so verändern kann, dass A das veränderte Wort akzeptiert. Die j-ten Stellen der b_i kodieren also eine Relation S_j auf $\{1, \dots, n\}$, die ψ in $\mathcal{M}_w$ wahr macht, wenn man S_j für Y_j einsetzt. Damit akzeptiert A' das Wort $\text{encode}(w, a_1, \dots, a_k, R_{k+1}, \dots, R_n)$ genau dann, wenn $\mathcal{M}_w \models (\exists Y_j\psi)(a_1, \dots, a_k, R_{k+1}, \dots, R_n)$ gilt. A' ist also der gesuchte Automat.

Es bleiben Teilformeln der Form $\varphi = \exists x_j\psi$ zu betrachten. Wir gehen ähnlich wie im Falle eines zweitstufigen Existenzquantors vor. Aus einem nicht-deterministischen Automaten $A = (Q, \Sigma \times \{0, 1\}^\ell, \Delta_A, s, F)$, der die Gültigkeit von ψ für eine gegebene Belegung der Variablen überprüft, konstruieren wir einen nicht-deterministischen Automaten B, der die Gültigkeit von $\exists x_j\psi$ bei gegebener Belegung der Variablen überprüft. B besteht aus zwei disjunkten Kopien A_0 und A_1 von A. Der Startzustand von B ist der Startzustand von A_0. Die akzeptierenden Zustände von B sind die akzeptierenden Zustände von A_1.

Für $b \in \{0, 1\}^\ell$ sei $c \in \{0, 1\}^\ell$ die Folge, die man aus b erhält, wenn man b^j durch 0 ersetzt und d die Folge, die man aus b erhält, wenn man b^j durch 1 ersetzt. Für einen Zustand q von A bezeichnen wir mit q_0 den entsprechenden Zustand von A_0 und mit q_1 den ensprechenden Zustand von A_1. Wir definieren nun die Übergangsrelation von B.

Befindet sich der Automat B im Zustand p_0 von A_0 und wird ein Zeichen $(v, b) \in \Sigma \times \{0, 1\}^\ell$ gelesen, so kann B in einen Zustand q_0 von A_0 übergehen, wenn A beim Lesen von (v, c) von p in den Zustand q übergehen kann. B kann aber auch in einen Zustand q_1 von A_1 übergehen, wenn A beim Lesen von (v, d) von p in den Zustand q übergehen kann. Befindet sich der Automat B im Zustand p_1 von A_1 und wird ein Zeichen $(v, b) \in \Sigma \times \{0, 1\}^\ell$ gelesen, so kann B in einen Zustand q_1 übergehen, falls A beim Lesen von (v, c) in den Zustand q übergehen kann. Andere Übergänge sind nicht möglich.

Der Automat B rät also gewissermaßen die Komponente b^j von b. Befindet sich B in einem Zustand von A_0 und wird 0 geraten, so verhält sich A_0 so wie A, wenn das entsprechende Zeichen mit $b^j = 0$ gelesen wird. Insbesondere bleibt der Automat B dabei im Teil A_0. Wird eine 1 geraten, so geht B in den Teil A_1 über. Befindet sich B im Teil A_1, so verhält sich der Teil A_1 so wie der Automat A, solange $b^j = 0$ geraten wird. Wird zum zweiten Mal eine 1 geraten, so gibt es in der Übergangsrelation keinen passenden Übergang mehr und das gelesene Wort wird abgelehnt.

Insgesamt rät der Automat B also einen Wert für x_j. Und wenn dieser Wert so geraten werden kann, dass A die entsprechende Eingabe akzeptieren würde, dann akzeptiert B die Originaleingabe, bei der die b^j nicht verändert wurden. B akzeptiert also ein Wort w genau dann, wenn $\mathcal{M}_w$ ein Model von $\exists x_j \psi$ ist.

Das beendet die Induktion über den Formelaufbau und damit den Beweis des Satzes. □

6 Turing-Maschinen, Komplexitätsklassen und der Satz von Trahtenbrot

Eine **Turing-Maschine** M ist eine theoretische Maschine bestehend aus endlich vielen **Zuständen,** einem nach links und rechts unendlichem **Band,** das in einzelne **Zellen** unterteilt ist, und einem **Schreib-Lese-Kopf** der jeweils eine Zelle des Bandes lesen oder beschreiben kann. Jede Zelle des Bandes enthält entweder genau ein Zeichen eines festen, endlichen **Eingabealphabets** Σ oder ein festes Leerzeichen. Das Band hat eine ausgezeichnete Zelle, die **Startzelle.**

Unter den Zuständen von M befinden sich drei ausgezeichnete Zustände: Der **Anfangszustand** s_0, der **ablehnende Zustand** s_- und der **annehmende Zustand** s_+.

Zu der Maschine M gehört auch eine **Übergangsfunktion,** die für das Zeichen in der Zelle des Bandes, auf der der Schreib-Lese-Kopf gerade steht, und den aktuellen Zustand, in dem die Maschine sich befindet, angibt, in welchen Zustand sich die Maschine als nächstes begibt, welches Zeichen (aus Σ zusammen mit dem Leerzeichen) an der aktuellen Stelle auf das Band geschrieben wird und ob der Schreib-Lese-Kopf auf der aktuellen Zelle stehen bleibt, sich eine Zelle nach links bewegt oder sich eine Zelle nach rechts bewegt.

Sei nun w ein Wort über Σ, d. h., eine endliche Folge der Zeichen aus dem Alphabet Σ. Wir schreiben w, beginnend bei der Startzelle des Bandes, von links nach rechts auf das Band (die einzelnen Zeichen in aufeinanderfolgende Zellen). Der Rest des Bandes bleibt leer (also gefüllt mit Leerzeichen). Wir sagen, dass w die **Eingabe** der Maschinen M ist. Nun wird M im Startzustand gestartet. Der Kopf befindet sich dabei auf der Startzelle. Von nun an rechnet M schrittweise und verfährt in jedem Schritt, wie es die Übergangsfunktion vorschreibt. Gelangt M dabei in den Zustand s_- oder s_+, so stoppt die Maschine.

M **akzeptiert** das Wort w, falls M irgendwann (nach endlich vielen Schritten) in den Zustand s_+ gelangt. M **lehnt** w **ab,** falls M irgendwann in den Zustand s_- gelangt. Was eben beschrieben wurde, ist eine **deterministische** Turing-Maschine.

© Der/die Autor(en), exklusiv lizenziert an Springer-Verlag GmbH, DE, ein Teil von Springer Nature 2023

S. Geschke, *Endliche Modelltheorie*, https://doi.org/10.1007/978-3-662-68322-4_6

Wir sehen ganz klar Parallelen zu deterministischen endlichen Automaten, denen aber das Band einer Turing-Maschine fehlt.

Im Unterschied zum deterministischen Fall gehört zu einer **nicht-deterministischen** Turing-Maschine anstelle einer Übergangsfunktion eine **Übergangsrelation,** die für das Zeichen in der aktuellen Zelle des Bandes und den aktuellen Zustand verschiedene Kombinationen aus nächstem Zustand, Zeichen, das auf das Band geschrieben werden soll, und Kopfbewegung liefern kann. Im Unterschied zur deterministischen Maschine wird bei einer nicht-deterministischen in jedem Arbeitsschritt eine der von der Übergangsrelation erlaubten Möglichkeiten weiter zu rechnen ausgewählt, mit der dann die Rechnung fortgesetzt wird. Wieder stoppt die Maschine, wenn der Zustand s_- oder s_+ erreicht wird.

Eine nicht-deterministische Turing-Maschine M **akzeptiert** ein Wort w, falls es eine Berechnung der Maschine gibt, die im Zustand s_+ endet. M **lehnt** w **ab,** falls jede Berechnung im Zustand s_- endet. Man beachte, dass im deterministischen Fall Akzeptieren und Ablehnen eines Wortes symmetrisch definiert sind, nicht jedoch im nicht-deterministischen Fall. Die Situation entspricht also zunächst der Situation bei nicht-deterministischen Automaten. Wie bei den Automaten kann man nicht-deterministische Turingmaschinen durch deterministische ersetzen, allerdings kann es passieren, dass bei diesem Vorgang die Anzahl der benötigten Rechenschritte dramatisch ansteigt, was relevant wird, wenn wir im übernächsten Absatz zeitbeschränkte Turingmaschinen einführen.

Sei L eine Sprache über Σ. Eine (deterministische oder nicht-deterministische) Turing-Maschine M **entscheidet** L, falls M alle Wörter in L akzeptiert und alle anderen Wörter ablehnt. M **akzeptiert** L, wenn M genau die Wörter in L akzeptiert. Man beachte, dass die Berechnung einer Turing-Maschine nicht unbedingt stoppen muss. In diesem Fall wird das eingegebene Wort nicht akzeptiert, aber auch nicht abgelehnt. Die Sprache der von der Maschine M abgelehnten Wörter ist also im Allgemeinen nicht das Komplement der von M akzeptierten Sprache, unabhängig davon, ob es sich um eine deterministische oder eine nicht-deterministische Turing-Maschine handelt.

Für eine Turing-Maschine M (ob deterministisch oder nicht) und eine Funktion $f : \mathbb{N} \to \mathbb{N}$ sagen wir, dass M f**-zeitbeschränkt** ist, falls es für jedes Wort w der Länge n, das von M akzeptiert wird, eine Berechnung von M mit Eingabe w gibt, die im Zustand s_+ endet und nicht mehr als $f(n)$ Rechenschritte benötigt.

Die Komplexitätsklasse P (beziehungsweise NP) ist die Klasse aller Sprachen L über Σ, für die ein Polynom $p(x)$ mit positiven ganzzahligen Koeffizienten und eine deterministische (beziehungsweise nicht-deterministische) Turing-Maschine M existieren, so dass M die Sprache L entscheidet und p-zeitbeschränkt ist.

Die Komplexitätsklasse co-NP ist die Klasse der Komplemente der Sprachen in NP. Da Akzeptanz und Ablehnung im deterministischen Fall symmetrisch zueinander sind, liegt eine Sprache genau dann in P, wenn ihr Komplement in P liegt. Man kann also co-P analog zu co-NP definieren, es gilt dann aber co-P $=$ P.

Das populärste offene Problem der Komplexitätstheorie ist die Frage, ob P $=$ NP gilt. Ein weiteres offenes Problem ist die Frage, ob co-NP $=$ NP gilt. Wegen co-P $=$ P impliziert eine negative Antwort auf die letzte Frage sofort P $\neq$ NP.

Für eine gegebene Sprache L über Σ ist es nicht klar, ob es überhaupt eine Turing-Maschine gibt, die L entscheidet. In der Tat kann man leicht zeigen, dass es nur abzählbar viele Turing-Maschinen gibt, aber überabzählbar viele Sprachen. Insbesondere gibt es eine Sprache, die nicht von einer Turing-Maschine entschieden wird.

Ein konkretes Beispiel für eine solche Sprache liefert das **Halteproblem,** also die Aufgabe, für eine gegebene (deterministische) Turing-Maschine M zu entscheiden, ob M anhält, wenn man M mit dem leeren Band startet. Dazu kodiert man jede Turing-Maschine M in geeigneter Weise als Wort w_M über Σ. Sei

$$L := \{w_M : M \text{ ist eine Turing-Maschine, die anhält, wenn man sie mit leerem Band startet}\}.$$

Es gibt keine Turing-Maschine, die die Sprache L entscheidet: Angenommen doch. Dann gibt es auch eine Turing-Maschine M, die für jede Turing-Maschine N das Wort w_N akzeptiert, wenn N bei der Eingabe von w_N anhält, und sonst ablehnt. Aus M läßt sich nun eine Turing-Maschine M' konstruieren, die für jede Turing-Maschine N genau dann bei der Eingabe w_N anhält, wenn N bei der Eingabe von w_N nicht anhält. Wir starten nun M' mit der Eingabe $w_{M'}$. Nach Konstruktion hält M' bei Eingabe von $w_{M'}$ genau dann, wenn M' bei der Eingabe von $w_{M'}$ nicht anhält. Ein Widerspruch.

Zusammenhänge zwischen endlicher Modelltheorie und Komplexitätstheorie bestehen in zwei Richtungen: Zum einen kann man für eine gegebene, sinnvoll definierte Klasse K endlicher Strukturen fragen, wie lange es dauert für eine endliche Struktur $\mathcal{A}$ zu entscheiden, ob $\mathcal{A}$ in K liegt oder nicht. Ein Spezialfall davon ist das sogenannte **Model Checking.** Für einen gegebenen Satz φ (in erststufiger Logik oder auch in einer der höheren Logiken, die wir später betrachten werden) fragt man, ob eine endliche Struktur $\mathcal{A}$ Modell von φ ist.

Andererseits kann man Berechnungen von Turing-Maschinen mittels endlicher Strukturen simulieren. Das liefert unter anderem Sätze vom Typ „wenn sich die Zugehörigkeit einer Struktur zu einer Klasse K endlicher Strukturen schnell entscheiden läßt, so läßt sich die Klasse K einfach axiomatisieren". (Mit „Axiomatisieren" ist hierbei nicht unbedingt Axiomatisieren durch eine erststufige Formel gemeint.)

Ein Beispiel der Simulation von Berechnungen von Turing-Maschinen durch endliche Strukturen ist der folgende Beweis des Satzes 2.6 von Trahtenbrot. Der Beweis beruht auf folgendem Lemma.

Lemma 6.1 *Für ein gewisses Vokabular $\sigma(\mathcal{A})$ ist die Sprache*

$$Sat(\sigma(\mathcal{A})) := \{\varphi : \varphi \text{ ist eine erststufige Aussage über } \sigma(\mathcal{A}), \text{ die ein endliches Modell hat}\}$$

nicht entscheidbar.

Bevor wir dieses Lemma beweisen, leiten wir daraus den Satz von Trahtenbrot her. Zunächst mache man sich klar, dass sich jede Struktur A in einem Vokabular σ so als Graph codieren läßt (in berechenbarer Weise), dass es zu jeder Aussage φ eine Aussage φ' gibt, so dass für jeden Graphen G entscheidbar ist, ob G die Struktur $\mathcal{A}$ codiert, und so dass gilt:

$$G \models \varphi' \Leftrightarrow G \text{ codiert eine Struktur } \mathcal{A} \text{ mit } \mathcal{A} \models \varphi$$

Mit Hilfe dieser Codierung sehen wir, dass für jedes Vokabular τ, das mindestens ein zweistelliges Relationssymbol enthält, die Sprache

$$\mathrm{Sat}(\tau) = \{\varphi : \varphi \text{ ist eine erststufige Aussage über } \tau, \text{ die ein endliches Modell hat}\}$$

nicht entscheidbar ist.

Andererseits ist die Sprache $\mathrm{Sat}(\tau)$ aber rekursiv aufzählbar. Man braucht nur alle Paare $(\mathcal{A}, \varphi)$ aufzuzählen und zu testen, ob $\mathcal{A}$ Modell von φ ist. Wenn ja, so gibt man φ aus.

Eine Aussage φ gilt genau dann in allen endlichen Strukturen, wenn $\neg\varphi$ nicht in $\mathrm{Sat}(\tau)$ liegt. Wäre nun die Menge aller Aussagen über τ, die in allen endlichen Strukturen gilt, rekursiv aufzählbar, so könnte man auch für jede Aussage φ entscheiden, ob φ in allen endlichen Strukturen gilt.

Man zähle nämlich einfach parallel $\mathrm{Sat}(\tau)$ und die Menge der Aussagen, die in allen endlichen Strukturen war sind, auf und warte bis in der ersten Aufzählung $\neg\varphi$ oder in der zweiten φ erscheint. Das beweist den Satz von Trahtenbrot.

Beweis von Lemma 6.1 Das Vokabular $\sigma(\mathcal{A})$ wird sich aus dem folgenden Beweis ergeben. Wir führen die Nichtentscheidbarkeit von $\mathrm{Sat}(\sigma(\mathcal{A}))$ auf das Halteproblem zurück. Dazu geben wir für jede Turing-Maschine M eine Aussage φ_M an, die genau dann ein endliches Modell hat, wenn M anhält, wenn man die Maschine mit dem leeren Band startet. Es ist dann klar, dass die Nichtentscheidbarkeit des Halteproblems die Nichtentscheidbarkeit von $\mathrm{Sat}(\sigma(\mathcal{A}))$ impliziert.

Sei also M eine Turing-Maschine. Wir können annehmen, dass die Zustände von M genau die Zahlen $0, \ldots, s_M$ sind, wobei 0 der Startzustand ist, 1 der akzeptierende Zustand und 2 der ablehnende Zustand. Die Zellen des Bandes von M seien mit ganzen Zahlen indiziert, wobei die Zelle mit der Nummer 0 die Startposition des Kopfes ist. Falls M mindestens n Schritte rechnet (nachdem man M mit leerem Band startet), so sei C_n die **Konfiguration** von M nach n Rechenschritten. C_n enthält folgende Informationen: Den aktuellen Zustand, die aktuelle Position des Kopfes und den aktuellen Bandinhalt.

Das Vokabular $\sigma(\mathcal{A})$ enthalte das einstellige Relationssymbol Start, die zweistelligen Relationssymbole $<$, Zustand und Kopf, sowie für jedes Zeichen $a \in A \cup \{\text{Leerzeichen}\}$ ein zweistelliges Relationssymbol Zeichen_a.

Für jedes $n \geq s_M$ definieren wir eine Struktur B_n mit der unterliegenden Menge $\{-n, \ldots, n\}$, so dass B_n das Anfangsstück $C_0, \ldots, C_n$ der Berechnung von M beschreibt (beziehungsweise $C_0, \ldots, C_k$, falls es ein $k < n$ gibt, so dass M nach k

Schritten anhält). Die Interpretation von $<$ in der Struktur B_n sei einfach die natürliche Ordnung der Zahlen $-n, \ldots, n$. Das Prädikat Start treffe nur auf 0 zu. Für $s, t \in \{0, \ldots, n\}$, $i \in \{-n, \ldots, n\}$ und alle Zeichen a sei

$$\begin{aligned}
\text{Zustand}^{B_n}(s,t) &:\Leftrightarrow \text{Gemäß } C_t \text{ befindet sich } M \text{ im Zustand } s\\
\text{Kopf}^{B_n}(i,t) &:\Leftrightarrow \text{Gemäß } C_t \text{ befindet sich der Kopf auf Zelle } i\\
\text{Zeichen}_a^{B_n}(i,t) &:\Leftrightarrow \text{Gemäß } C_t \text{ steht in Zelle } i \text{ das Zeichen } a.
\end{aligned}$$

Wir geben nun eine Aussage φ_M an, die folgende Eigenschaften hat:

(i) Falls M, mit leerem Band gestartet, nach k Schritten anhält und falls $n \geq \max(k, s_M)$ ist, so gilt $B_n \models \varphi_M$.
(ii) Falls B ein Model von φ_M ist und M, mit leerem Band gestartet, mindestens k Schritte rechnet, so gilt $|B| \geq k$.

Jede Aussage φ, die (i) und (ii) erfüllt, hat genau dann ein endliches Modell, wenn M, auf dem leerem Band gestartet, anhält.

Die Aussage φ_M sei die Konjunktion folgender Sätze (die wir, der besseren Lesbarkeit halber, umgangssprachlich aufschreiben):

1. $<$ ist eine lineare Ordnung und genau ein Element erfüllt das Prädikat Start. (Wir nennen das Element, welches das Prädikat Start erfüllt, in Zukunft 0. Jede natürliche Zahl t können wir dann einfach mit dem t-ten Nachfolger (bezüglich $<$) von 0 identifizieren, falls der t-te Nachfolger von 0 in der Struktur existiert. Analog interpretieren wir negative Zahlen in der Struktur.)
2. Es gibt mindestens $s_M + 1$ verschiedene Elemente.
3. Nach 0 Rechenschritten befinden wir uns im Zustand 0, der Kopf steht auf der Zelle 0 und das Band ist leer.
4. Zu jedem Zeitpunkt gibt es genau einen aktuellen Zustand und eine aktuelle Kopfposition. Zu jedem Zeitpunkt steht in jeder Zelle des Bandes genau ein Zeichen (wobei auch das Leerzeichen erlaubt ist).
5. Wenn M aus dem Zustand s bei aktuellem Zelleninhalt a in den Zustand s' übergeht, das Zeichen b auf das Band scheibt und die Kopfposition um den Wert $h \in \{0, 1, -1\}$ ändert, so gilt entsprechendes in der Struktur, d. h., für alle y und alle t gilt:

$$\text{Zustand}\,(s,t)\ \text{Kopf}\,(y,t)\ \text{Zeichen}_a(y,t)$$

impliziert

$$\text{Zustand}\,(s',t+1)\ \text{Zeichen}_b(y,t+1)\ \text{Kopf}\,(y+h,t+1).$$

Dabei stehen $t+1$ und $y+h$ für die Elemente der Struktur mit den naheliegenden Beschreibungen.

6. Sei 1 der Nachfolger von 0 bezüglich $<$ und 2 der Nachfolger von 1. Dann existiert ein Element $t > 0$ mit Zustand$(1, t)$ oder Zustand$(2, t)$. Die Berechnung endet also irgendwann.

Es ist klar, dass φ_M die Eigenschaften (i) und (ii) hat. □

Dieser Beweis zeigt, wie man Berechnungen von Turing-Maschinen mit Hilfe endlicher Strukturen beschreiben kann. Als nächstes werden wir sehen, wie sich endliche Strukturen mit Hilfe von Turing-Maschinen analysieren lassen. Der Einfachheit halber beschränken wir uns auf geordnete Strukturen. Wir diskutieren die Rolle der Ordnung hier nicht im Detail, stellen aber fest, dass in der Praxis Strukturen, die algorithmisch untersucht werden sollen, normaler Weise irgendeine lineare Ordnung tragen.

Sei τ_1 ein endliches Vokabular, das nur Relations- und Konstantensymbole enthält, und zwar k Relationssymbole und l Konstantensymbole. Weiter sei τ_0 das Vokabular, das nur das zweistellige Relationssymbol $<$ enthält. Schließlich sei $\tau := \tau_0 \cup \tau_1$. Alle τ-Strukturen, die wir im Folgenden betrachten, seien durch $<$ linear geordnet. Für eine Struktur A mit $|A|= n$ können wir also annehmen, dass die unterliegende Menge von A genau die Menge $\{0, \ldots, n-1\}$ ist und dass die Ordnung $<$ auf A einfach die natürliche Ordnung der Zahlen $0, \ldots, n-1$ ist.

Wir wollen nun τ-Strukturen in Turing-Maschinen eingeben. Wir benutzen Turing-Maschinen mit $k + l + 1$ Eingabebändern, auf die nichts geschrieben wird, und m Arbeitsbändern (für ein gewisses m), die wie gewohnt beschrieben werden können. Man kann sich überlegen, dass sich Turing-Maschinen mit mehreren Bändern durch Maschinen mit nur einem Band simulieren lassen und dass die Definition der Klassen P und NP nicht davon abhängt, wieviele Bänder die Maschinen zu Verfügung haben.

Das Alphabet unserer Turing-Maschinen besteht aus 0 und 1. Zusätzlich gibt es, wie üblich, ein Leerzeichen. Sei nun $\mathcal{B}$ eine τ-Struktur. Wir geben $\mathcal{B}$ wie folgt in eine Turing-Maschine ein:

Auf das erste Band wird, beginnend bei der Startzelle, nach rechts eine Folge von 1-en der Länge $n :=|B|$ geschrieben. Für $i \leq k$ wird auf das $(i + 1)$-te Eingabeband die i-te Relation R_i^B geschrieben, und zwar in folgendem Format:

Angenommen R_i^B ist r-stellig, also $R_i^B \subseteq B^r$. Für $j < n^r$ enthalte die j-te Zelle des Bandes genau dann eine 1, wenn das j-te r-Tupel von B^r (bezüglich der lexikographischen Ordnung auf B^r) Element von R_i^B ist. Sonst enthalte die j-te Zelle des Bandes eine 0.

Für $j \leq l$ wird die Interpretation der j-ten Konstante auf das $(k + j + 1)$-te Eingabeband geschrieben, und zwar in Binärdarstellung ohne führende Nullen.

Nun ist klar, wie eine Struktur B in eine Turing-Maschine eingegeben wird. Die Maschine wird mit dieser Eingabe und leeren Arbeitsbändern gestartet. Und akzeptiert die Struktur, lehnt die Struktur ab oder rechnet ewig weiter. Es ist klar, wann eine Klasse K endlicher Strukturen von einer Turing-Maschine M entschieden wird. Es ist auch klar, wann eine Klasse K endlicher Strukturen in den Komplexitätsklassen P oder NP liegt und wann nicht. (Zumindest sollte klar sein, wie die entsprechenden Definitionen lauten.)

7 Zweitstufige Logik und die Komplexität von Model Checking

7.1 Erststufige Logik

Wir zeigen, dass für eine gegebene erststufige Aussage φ (über irgendeinem Vokabular) das Problem, festzustellen, ob eine vorgelegte Struktur A Modell von φ ist, in der Klasse P liegt.

Man kann sich leicht überlegen, dass es genügt, Vokabulare zu betrachten, die nur Relationssymbole enthalten. Aus technischen Gründen werden wir jedoch Vokabulare mit Konstanten- und Relationssymbolen, aber ohne Funktionssymbole betrachten. Sei also τ ein solches Vokabular (endlich).

Lemma 7.1 *Für jede erststufige Aussage φ über τ existiert eine deterministische Turing-Maschine, zeitbeschränkt durch ein Polynom, das von φ abhängt, die für jede τ-Struktur A entscheidet, ob A Modell von φ ist.*

Mit anderen Worten, die Modellklasse von φ liegt in P.

Beweis Wir führen den Beweis durch Induktion über den Forrmelaufbau. Die zu untersuchende Struktur A wird in irgendwelche Turing-Maschinen eingegeben wie im letzten Kapitel beschrieben.

Auch wenn im Lemma nur von Aussagen die Rede ist, müssen wir in der Induktion Formeln mit freien Variablen, die mit irgendwelchen Elementen aus der Struktur belegt sind, berücksichtigen. Es ist aber klar, dass sich Formeln mit freien Variablen, die mit Elementen der Struktur belegt sind, genauso behandeln lassen, wie Aussage, in denen entsprechende Konstanten vorkommen.

Das setzt natürlich voraus, dass in dem Vokabular die entsprechenden Konstantensymbole vorhanden sind. Da wir jedoch von einem festen, aber (im wesentlichen) beliebigen Vokabular ausgehen, bereitet das keine Probleme. Es genügt also, die einzelnen Schritte der Induktion für Aussagen zu beweisen.

© Der/die Autor(en), exklusiv lizenziert an Springer-Verlag GmbH, DE, ein Teil von Springer Nature 2023

S. Geschke, *Endliche Modelltheorie*, https://doi.org/10.1007/978-3-662-68322-4_7

Zunächst die trivialen Fälle: um die Gültigkeit Boolescher Kombinationen erststufiger Aussagen in einer Struktur festzustellen, muss man zunächst die Gültigkeit der einzelnen Aussagen, die Boolesch kombiniert werden, untersuchen. Das geht jeweils in polynomieller Zeit, nach Induktionsvoraussetzung. Die Zeit, die dann noch zum Auswerten des Booleschen Ausdrucks benötigt wird, hängt nicht mehr von der Größe untersuchten Struktur ab, sondern nur von der Komplexität des Booleschen Ausdrucks.

Als nächstes betrachten wir atomare Aussagen, also Aussagen von der Form $R(c_1, \ldots, c_r)$, wobei R r-stelliges Relationssymbol ist und $c_1, \ldots, c_r$ Konstantensymbole sind.

Um zu testen, ob das r-Tupel $(c_1^A, \ldots, c_r^A)$ in R^A liegt, kann man wie folgt vorgehen: auf dem Eingabeband, das für die Relation R zuständig ist, läuft man, bei der Startzelle beginnend, Schrittweise nach rechts. In jedem Schritt wird ein n-Tupel von Zahlen zwischen 0 und $n - 1$, wobei n die Mächtigkeit der untersuchten Struktur ist, lexikographisch um 1 hochgezählt (in Binärdarstellung). Dann wird mit den Werten der Konstanten $c_1, \ldots, c_r$ verglichen, die auf den entsprechenden Eingabebändern in Binärdarstellung vorliegen.

Ist das Tupel $(c_1^A, \ldots, c_r^A)$ erreicht, sieht man nach, ob an der entsprechenden Stelle des Eingabebandes für die Relation R eine 1 steht. Wenn ja, dann gilt $R(c_1, \ldots, c_r)$ in der untersuchten Struktur A, sonst nicht. Der Zeitaufwand dieser Berechnung ist proportional zu n^r, ein Polynom in der Mächtigkeit der eingegebenen Struktur. (Der Zeitaufwand für diese Berechnung ist linear in der Gesamtlänge der Eingabe der Turingmaschine, also in der Länge der Codierung der untersuchten Struktur.)

Um schließlich die Gültigkeit einer Existenzaussage $\exists x \varphi(x)$ zu festzustellen, durchläuft man einfach alle Elemente a der zu untersuchenden Struktur A und bestimmt den Wahrheitswert von $\varphi(a)$ in A. Letzteres geht nach Voraussetzung in polynomieller Zeit. Um alle Elemente der Struktur zu durchlaufen, benötigt man offenbar $n = |A|$ Schritte. Der Zeitaufwand bleibt also insgesamt polynomiell. (Ist die Bestimmung des Wahrheitswertes von $\varphi(a)$ $p(n)$-zeitbeschränkt, so ist die Bestimmung des Wahrheitswertes von $\exists x \varphi(x)$ $(n \cdot p(n))$-zeitbeschränkt.) □

Man beachte, dass es mehr Klassen endlicher Strukturen in P gibt, als es erststufig axiomatisierbare Klassen gibt. Ein Beispiel ist die Klasse aller endlichen Strukturen mit einer geraden Anzahl von Elementen über einer beliebigen (aber natürlich festen) Signatur. Wir werden später sehen, wie sich die Klassen in P mit Hilfe einer abgeschwächten zweitstufigen Logik charakterisieren lassen.

7.2 Zweitstufige Logik

Lemma 7.2 *Seien $X_1, \ldots, X_n$ zweitstufige Variablen und φ eine erststufige Formel über dem Vokabular $\tau \cup \{X_1, \ldots, X_n\}$. Dann ist die Klasse aller endlichen τ-Strukturen A mit $A \models \exists X_1 \ldots \exists X_n \varphi$ in* NP.

Beweis Wir benutzen eine nicht-deterministische Turing-Maschine mit n zusätzlichen Arbeitsbändern, die jeweils für eine der zweitstufige Variablen $X_1, \ldots, X_n$ zuständig sind. Für jedes $k \in \{1, \ldots, n\}$ sei r_k die Stelligkeit von X_k.

Wir geben die Struktur A ein. Zunächst schreibt die Maschine für jedes $k \in \{1, \ldots, n\}$ auf das für X_k zuständige Band eine zufällige Folge von Nullen und Einsen der Länge $| A |^{r_k}$. (Mit „zufällig" ist hierbei eigentlich „auf nicht-deterministische Weise" gemeint. Jede Folge muss möglich sein.) Das geht in polynomieller Zeit (in Abhängigkeit von $|A|$).

Dann benutzt die Maschine die für die X_k zuständigen Bänder als zusätzliche Eingabebänder und entscheidet (wieder in polynomieller Zeit) ob $(A, X_1^A, \ldots, X_n^A)$ Modell von φ ist, wobei X_k^A jeweils die Relation ist, deren charakteristische Funktion auf dem für X_k zuständigen Band steht. □

7.3 Der Satz von Fagin

Wieder sei τ ein endliches Vokabular, das nur Relations- und Konstantensymbole enthält. In diesem Abschnitt beweisen wir die Umkehrung von Lemma 7.2, nämlich

Lemma 7.3 *Sei K eine Klasse endlicher τ-Strukturen, die in* NP *liegt. Dann existiert eine zweitstufige Formel φ der Form $\exists X_1 \ldots \exists X_k \psi$, wobei ψ eine erststufige Formel in $\tau \cup \{X_1, \ldots, X_k\}$ ist, so dass K genau die Modellklasse von φ ist.*

Zusammen mit Lemma 7.2 erhält man sofort den Satz von Fagin:

Satz 7.4 Eine Klasse K endlicher τ-Strukturen liegt genau dann in NP, wenn sich K durch eine zweitstufige Formel der Form $\exists X_1 \ldots \exists X_k \varphi$, wobei φ erststufigem ist, axiomatisieren lässt.

Beweis von Lemma 7.3 Sei K eine Klasse endlicher τ-Strukturen, die in NP liegt. Dann existieren eine nicht-deterministische Turing-Maschine M und ein Polynom $p(x)$, so dass M die Klasse K entscheidet und bei Eingabe einer τ-Struktur A der Mächtigkeit n höchstens $p(n)$ Schritte rechnet. Ist r größer als der Grad von p, so rechnet M für alle bis auf endlich viele Strukturen A bei Eingabe von A höchstens $|A|^r$ Schritte. Die endliche Klasse der Strukturen $A \in K$, bei deren Eingabe M mehr als $|A|^r$ viele Schritte rechnet, lässt sich erststufig axiomatisieren. Daher können wir annehmen, dass M für jede Eingabe A höchstens $|A|^r$ viele Schritte rechnet.

Die Eingabe einer Struktur A in M erfolgt wie in Kap. 6 erklärt. Man erinnere sich, wie die Maschine gestartet wird: die Eingabebänder enthalten die Informationen über die Struktur A, das Arbeitsband ist leer. Bekanntlich kann man davon ausgehen, dass M zunächst in nicht-deterministischer Weise eine Folge von Einsen und Nullen auf das Arbeitsband schreibt, dann mit dem Kopf wieder zur Startzelle zurückkehrt und die Berechnung von nun an deterministisch weiter geht.

Eine bequeme Modifikation davon ist folgende: wir gehen von einer deterministischen Maschine M aus und sagen, dass M die Struktur A akzeptiert, wenn es eine Folge von Nullen und Einsen gibt, so dass M, gestartet mit dieser Folge auf dem Arbeitsband und der Codierung von A auf den Eingabebändern, schließlich im akzeptierenden Zustand landet. M lehnt A ab, wenn M für jede Folge von Nullen und Einsen auf dem Arbeitsband im ablehnenden Zustand landet. Man beachte, dass M höchstens $|A|^r$ Schritte rechnet. Damit werden auch nur $|A|^r$ Zellen des Arbeitsbandes benutzt. Wir können annehmen, dass keine Zellen des Arbeitsbandes benutzt werden, die links von der Startzelle liegen.

Wir schreiben eine Formel φ auf, die im wesentlichen aussagt, dass es eine Folge der Länge $|A|^r$, wobei A die betrachtete Struktur ist, von Nullen und Einsen gibt, so dass M die Struktur A akzeptiert, wenn M mit dieser Folge auf dem Arbeitsband gestartet wird. Die Berechnung der Maschine M wird dabei auch durch Relationen auf A beschrieben.

Man erinnere sich, dass die betrachteten Strukturen als linear geordnet vorausgesetzt wurden. Sei also $<$ die lineare Ordnung auf A. Mit Hilfe dieser linearen Ordnung können wir für jedes s die lexikographische Ordnung $<^s$ von A^s definieren, eine $2s$-stellige Relation auf A, die genau dann das $2s$-Tupel $(a_1, \ldots, a_s, b_1, \ldots, b_s)$ enthält, wenn $(a_1, \ldots, a_s)$ lexikographisch kleiner als $(b_1, \ldots, b_n)$ ist.

Wir benutzen A^r mit der linearen Ordnung $<^r$ als

- Menge der Zeitpunkte in der Berechnung,
- Indexmenge der Zellen des Arbeitsbandes,
- Indexmenge der Zellen der einzelnen Eingabebänder (wobei bei wir annehmen, dass r größer ist als jede Stelligkeit eines Relationssymbols in τ).

Die Konfiguration von M zum Zeitpunkt t besteht aus

1. den aktuellen Positionen der Köpfe auf den jeweiligen Bändern,
2. dem Inhalt des Arbeitsbandes und
3. dem aktuellen Zustand.

Angenommen, M benutzt insgesamt l Bänder. Die Positionen des i-ten Kopfes, $i \in \{1, \ldots, l\}$, beschreiben wir durch eine $2r$-stellige Relation H_i, wobei H_i genau dann auf $(t, p) \in A^r \times A^r$ zutrifft, wenn sich der i-te Kopf zum Zeitpunkt t auf der Zelle mit Index p befindet.

Wir nehmen an, dass das Alphabet von M aus den Zeichen 0, 1 und dem Leerzeichen besteht. Den Inhalt des Arbeitsbandes beschreiben wir durch die $2r$-stelligen Relationen B_0, B_1 und B_2. Trifft B_0 auf $(t, z) \in A^r \times A^r$ zu, so bedeutet das, dass zum Zeitpunkt t in der Zelle mit dem Index z des Arbeitsbandes eine 0 steht. Analog ist B_1 für die Einsen und B_2 für die Leerzeichen zuständig. Man beachte, dass es nicht nötig ist, den Inhalt der Eingabebänder zu codieren. Das erledigen schon die auf A ursprünglich vorhandenen Relationen.

M habe m Zustände. Der aktuelle Zustand wird durch r-stellige Relationen Z_i, $i \in \{1, \ldots, m\}$, beschrieben. Trifft Z_i auf $t \in A^r$ zu, so bedeutet das, dass sich die Maschine zum Zeitpunkt t im Zustand i befindet.

Die gesuchte Aussage φ hat die Form

$$\exists H_1 \ldots \exists H_l \exists B_0 \ldots \exists B_2 \exists Z_1 \ldots \exists Z_m \psi.$$

Dabei besagt ψ, dass die $H_1, \ldots, H_l, B_0, \ldots, B_2$ und $Z_1, \ldots, Z_m$ entsprechend dem oben Beschriebenen eine akzeptierende Berechnung von M codieren. Dabei darf der akzeptierende Zustand natürlich bereits vor dem letzten der $|A|^r$ möglichen Zeitpunkte erreicht sein. Die Formel ψ konstruiert man im wesentlichen wie im Beweis des Satzes von Trahtenbrot. Man beachte, dass der Inhalt des Arbeitsbandes beim Start der Maschine nicht näher spezifiziert wird. Aber wir hatten ja auch festgelegt, dass M die Struktur A akzeptiert, wenn es irgendeinen Bandinhalt gibt, so dass M, gestartet mit diesem Inhalt des Arbeitsbandes und der Eingabe A, schließlich im akzeptierenden Zustand landet.

Es ist klar, dass die so konstruierte Formel φ genau die Klasse K axiomatisiert. □

7.4 Least Fixed Point Logic und die Klasse P

Sei τ ein endliches Vokabular ohne Funktionssymbole. Wir wissen bereits, dass alle erststufig axiomatisierbaren Klassen endlicher τ-Strukturen in P liegen und dass eine Klasse endlicher τ-Strukturen genau dann in NP liegt, wenn sie sich durch eine zweitstufige Formel der Form $\exists X_1 \ldots \exists X_n \varphi$ mit erstufigem φ axiomatisieren lässt.

Wir führen eine Logik ein, die zwischen erst- und zweitstufiger Logik liegt und mit deren Hilfe man genau die Klassen endlicher τ-Strukturen, die in P liegen, axiomatisieren kann, **Least Fixed Point Logic** (LFP-**Logik**). Die LFP-Logik erlaubt es, induktiv definierte Relationen zu verwenden.

Betrachte zum Beispiel das Vokabular $\sigma = \{E, s, t\}$, wobei E ein zweistelliges Relationssymbol ist und s und t Konstantensymbole sind. Sei G irgendeine τ-Struktur, $E = E^G$ die Interpretation von E in G und $s = s^G$ und $t = t^G$ die Interpretationen von s beziehungsweise t in G. E^* sei die transitive, reflexive Hülle von E, also die Relation

$$\{(x, y) \in G^2 : x = y \text{ oder}$$
$$\text{es gibt } n \in \mathbb{N} \text{ und } x_0, \ldots, x_n \in G \text{ mit } x = x_0 E x_1 E \ldots E x_n = y\}.$$

Wie man leicht nachrechnet, ist E^* die kleinste (bezüglich $\subseteq$) zweistellige, reflexive, transitive Relation auf G, die E umfasst. Mit Hilfe von E^* lässt sich leicht feststellen, ob es in G einen (gerichteten) Weg von s nach t gibt: so ein Weg existiert genau dann, wenn $(s, t) \in E^*$ gilt.

Zweitstufig könnte man das wie folgt ausdrücken: Für zwei zweistellige Relationssymbole R und S sei

$$\varphi(R,S) := \forall x,y\big((R(x,y) \vee (x=y)) \to S(x,y)\big) \wedge \forall x,y,z\big(S(x,y) \wedge S(y,z) \to S(x,z)\big).$$

Die Formel $\varphi(R,S)$ sagt also, dass die zweistellige Relation S transitiv und reflexiv ist und die Relation R umfasst. Weiter sei

$$\psi := \forall R\Big(\big(\varphi(E,R) \wedge \forall S(\varphi(E,S) \to \forall x,y(R(x,y) \to S(x,y)))\big) \to R(s,t)\Big).$$

Man beachte, dass es auf G genau eine zweistellige Relation R gibt, die die Prämisse des letzten Implikationspfeils wahr macht, nämlich E^*. Damit gilt $G \models \psi$ genau dann, wenn es in G einen Weg von s nach t gibt.

Die LFP-Logik erlaubt es zum Beispiel die Relation E^* zu benutzen, wenn man E schon kennt, ohne dass man die volle Ausdruckskraft der zweitstufigen Logik gewinnt.

Sei R ein zweistelliges Relationssymbol. Betrachte die Formel

$$\varphi(R,x,y) := (x=y) \vee \exists z(E(x,z) \wedge R(z,y)).$$

Hierbei ist das zweite Gleichheitszeichen bereits Bestandteil der Formel $\varphi(R,x,y)$. Zu jeder zweistelligen Relation R auf G liefert φ eine neue Relation

$$\varphi^G(R) = \{(x,y) \in G^2 : G \models \varphi(R,x,y)\}.$$

Wie man leicht sieht, gilt für alle zweistelligen Relationen R und S mit $R \subseteq S$ auch $\varphi^G(R) \subseteq \varphi^G(S)$. Diese Eigenschaft von φ^G hängt nicht von der Struktur G ab. Daher nennt man die Formel φ **monoton.**

Die Relation E^* ist ein **Fixpunkt** von φ^G, d. h., es gilt $\varphi^G(E^*) = E^*$. Ausserdem ist E^* der kleinste Fixpunkt von φ^G. Die Existenz eines kleinsten Fixpunktes ist kein Zufall.

Lemma 7.5 *Sei R ein k-stelliges Relationssymbol und $\varphi(R,x_1,\ldots,x_k)$ eine monotone erststufige Formel über $\tau \cup \{R\}$. Für jede endliche τ-Struktur A existiert ein kleinster Fixpunkt der Abbildung φ^A, die k-stellige Relationen auf k-stellige Relationen abbildet. Dieser kleinste Fixpunkt ist $(\varphi^A)^r(\emptyset)$, wobei r minimal ist mit $(\varphi^A)^r(\emptyset) = (\varphi^A)^{r+1}(\emptyset)$. Dabei ist $r \leq |A|^k$.*

Beweis Setze $R_0 := \emptyset$ und $R_{l+1} := \varphi^A(R_l)$ für alle $l \in \mathbb{N}$. Für alle $l \in \mathbb{N}$ gilt $R_l \subseteq R_{l+1}$, da φ monoton ist. Falls $R_l \neq R_{l+1}$ für ein $l \in \mathbb{N}$ gilt, so existiert ein k-Tupel $\overline{a} \in A^k$ mit $\overline{a} \in R_{l+1} \setminus R_l$. Da es aber nur $|A|^k$ k-Tupel von Elementen in A gibt, existiert $r \leq |A|^k$ mit $R_r = R_{r+1}$. O.B.d.A. sei r minimal mit dieser Eigenschaft. Es ist klar, dass $R_r = (\varphi^A)^r(\emptyset)$ ein Fixpunkt von φ^A ist.

Sei $S \subseteq A^k$ ein weiterer Fixpunkt von φ^A. Offenbar gilt $\emptyset \subseteq S$. Vollständige Induktion liefert nun $R_l = (\varphi^A)^l(\emptyset) \subseteq (\varphi^A)^l(S) = S$ für alle $l \in \mathbb{N}$, da φ monoton ist. Insbesondere gilt $R_r \subseteq S$. Also ist R_r der kleinste Fixpunkt von φ^A. □

Für eine monotone Formel $\varphi(R, x_1, \ldots, x_k)$ sei LFP(φ) der kleinste Fixpunkt von φ. Leider ist es unentscheidbar, ob eine gegebene Formel $\varphi(R, x_1, \ldots, x_k)$ monoton ist oder nicht. (Das liegt daran, dass man alle endlichen Strukturen A ansehen müsste, um festzustellen, dass die Funktion φ^A jeweils monoton ist.) Daher benutzt man eine etwas gröbere, aber leicht nachprüfbare syntaktische Eigenschaft von Formeln, die garantiert, dass eine Formel monoton ist.

Sei R ein k-stelliges Relationssymbol und $\varphi(R)$ eine erststufige Formel über dem Vokabular $\tau \cup \{R\}$. Die Formel φ ist **R-positiv,** wenn R nur innerhalb einer geraden Anzahl von Negationen vorkommt. Wie man leicht sieht, ist jede R-positive Formel der Form $\varphi(R, x_1, \ldots, x_k)$ monoton.

Definition 7.6 LFP-Logik ist die Logik die man erhält, wenn man zur erststufigen Logik noch den Operator LFP für R-positive Formeln der Form $\varphi(R, x_1, \ldots, x_k)$ hinzufügt. Dabei kann LFP($\varphi(R, x_1, \ldots, x_k)$) wie ein neues k-stelliges Relationssymbol benutzt werden. Die Gültigkeit von LFP-Formel in Strukturen ist auf die naheliegende Weise definiert, nämlich indem man LFP($\varphi(R, x_1, \ldots, x_k)$) in einer Struktur A als diejenige k-stellige Relation interpretiert, die der kleinste Fixpunkt von φ^A ist.

Lemma 7.7 *Für jede endliche τ-Struktur A und jede LFP-Formel φ über τ ist die benötigte Rechenzeit, um $A \models \varphi$ zu entscheiden, polynomiell in $|A|$.*

Beweis Man erinnere sich an den Beweis der Tatsache, dass sich $A \models \varphi$ für erststufige Formeln φ in polynomieller Zeit (in $|A|$) entscheiden lässt. Wie in jenem Beweis benutzen wir Induktion über den Formelaufbau. Die Induktionsschritte sind im wesentlichen die gleichen. Der einzige Unterschied ergibt sich, wenn entschieden werden muss, ob ein Ausdruck der Form

$$\text{LFP}(\varphi(R, x_1, \ldots, x_k))(a_1, \ldots, a_k)$$

für gewisse $a_1, \ldots, a_k \in A$ gilt.

Nach Lemma 7.5 gibt es ein $r \leq |n^k|$, so dass $(\varphi^A)^r(\emptyset)$ der kleinste Fixpunkt von φ^A ist. Es gilt aber $(\varphi^A)^{|A|^k}(\emptyset) = (\varphi^A)^r(\emptyset)$. Damit ist auch $(\varphi^A)^{|A|^k}(\emptyset)$ der kleinste Fixpunkt von φ^A.

Für gegebenes $R \subseteq A^k$ lässt sich die Relation $\varphi^A(R)$ in polynomieller Zeit berechnen. Das Polynom hängt dabei nur von der Formel φ ab. Damit lässt sich auch $\varphi^{|A|^k}(\emptyset)$ in polynomieller Zeit bestimmen. Insbesondere lässt sich

$$\text{LFP}(\varphi(R, x_1, \ldots, x_k))(a_1, \ldots, a_k)$$

in polynomieller Zeit entscheiden. □

Für geordnete Strukturen gilt auch die Umkehrung dieses Lemmas.

Lemma 7.8 *Sei τ ein endliches Vokabular ohne Funktionssymbole mit mindestens einem zweistelligen Relationssymbol $<$. Weiter sei K eine Klasse endlicher, durch $<$ linear geordneter τ-Strukturen. Liegt K in* P*, so lässt sich K durch eine LFP-Aussage axiomatisieren.*

Beweis Sei M eine deterministische Turing-Maschine, die K entscheidet und in polynomieller Zeit (in der Mächtigkeit der Eingabestruktur) rechnet. Da wir K um endlich viele Strukturen abändern dürfen, können wir annehmen, dass es ein $r \in \mathbb{N}$ gibt, so dass M bei Eingabe einer beliebigen Struktur $A \in K$ höchstens $|A|^r$ Schritte rechnet.

Wie im Beweis der schwierigen Richtung des Satzes von Fagin (Lemma 7.3) beschreiben wir die Berechnung von M durch Relationen auf der vorgelegten Struktur. Im Beweis von Lemma 7.3 haben wir mehrere zweitstufige Existenzquantoren benutzt, um die entsprechenden Relationen zu erhalten. Wirklich wesentlich war der Existenzquantor jedoch nur für den Inhalt des Arbeitsbandes beim Start der Maschine. Dieser geratene Startinhalt des Arbeitsbandes war der Nicht-Determiniertheit der simulierten Turing-Maschine geschuldet.

Die restlichen zweitstufigen Existenzquantoren lieferten dann nur noch Relationen, die man auch relativ schnell hätte berechnen können. Genauer gesagt, dieser Teil lässt sich auch mit dem LFP-Operator beschreiben.

Zunächst stellen wir fest, dass es im Beweis von Lemma 7.3 auch ein einzelner zweitstufiger Existenzquantor getan hätte, da man viele Relationen mittels einer einzelnen (von höherer Stelligkeit) codieren kann.

Sei nämlich $R_1, \dots, R_n$ eine Folge von Relationen auf einer endlichen Menge A, die mindestens n Elemente hat und linear geordnet ist. Weiter sei m die maximale Stelligkeit dieser Relationen. Ist R_i l-stellig für ein $l < m$, so ersetzen wir R_i durch die m-stellige Relation $R_i \times A^{m-i}$, die offenbar die gleiche Information beinhaltet. Wir nehmen also o.B.d.A. an, dass alle R_i dieselbe Stelligkeit m haben.

Seien $a_1, \dots, a_n$ die ersten n Elemente von A. Setze

$$R := \{a_1\} \times R_1 \cup \dots \cup \{a_n\} \times R_n.$$

R ist damit eine $(m + 1)$-stellige Relation. In erststufiger Logik ist R definierbar, wenn man $R_1, \dots, R_n$ kennt, und die Relationen $R_1, \dots, R_n$ sind definierbar, wenn man R kennt.

Sei nun A die vorgelegte Struktur. Um die Berechnung von M mit Relationen zu beschreiben, gehen wir genauso vor wie im Beweis von Lemma 7.3. M habe ein Arbeitsband und $l - 1$ Eingabebänder. Das Alphabet sei $\{0, 1\}$ zusammen mit dem Leerzeichen. Die Anzahl der Zustände von M sei m.

Die Menge der möglichen Zeitpunkte der Berechnung ist A^r, durch die von $<$ induzierte lexikographische Ordnung linear geordnet. Wir benutzen Relationen $H_1, \dots, H_l$ für die Positionen der Köpfe, B_0, B_1, B_2 für den Inhalt des Arbeitsbandes und $Z_1, \dots, Z_m$ für den aktuellen Zustand, genau wie im Beweis von Lemma

7.3. Zusätzlich genehmigen wir uns eine r-stellige Relation L, die beschreiben wird, wie weit die Berechnung bereits fortgeschritten ist. (L wird immer genau auf ein Anfangsstück der linearen Ordnung A^r zutreffen.)

Alle diese Relationen codieren wir mittels einer einzigen Relation R, wie oben beschrieben. Es gilt nun, eine solche Relation, die eine akzeptierende Berechnung von M beschreibt, als kleinsten Fixpunkt darzustellen.

Wenn man genau nachrechnet, erhält man, dass die Stelligkeit von R genau $2r+1$ ist. Wir definieren eine R-positive Formel $\varphi(R, x_0, \dots, x_{2r})$, so dass LFP($\varphi$) die Berechnung von M bei Eingabe von A codiert. Dabei benutzen wir die Relationen $H_1, \dots, H_l, B_0, B_1, B_2, Z_1, \dots, Z_m$ und L anstelle von R selbst. Wenn ein Tupel $(a_0, \dots, a_{2r}) \in A^{2r+1}$ vorgelegt ist, so zeigt a_0 an, welche Relation aus der Menge $\{H_1, \dots, H_l, B_0, B_1, B_2, Z_1, \dots, Z_m, L\}$ für $(a_1, \dots, a_{2r})$ zu betrachten ist. Diese Relation nennen wir die **aktive** Relation.

Zunächst soll $\varphi(R)$ auf ein Tupel $(a_0, \dots, a_{2r}) \in A^{2r+1}$ zutreffen, wenn R bereits auf dieses Tupel zutraf. Weiter soll φ auf $(a_0, \dots, a_{2r})$ zutreffen, wenn eine der folgenden Bedingungen gilt:

(H0) Die aktive Relation ist H_i (die für den i-ten Kopf zuständige Relation) und $(a_1, \dots, a_{2r})$ codiert „zum Zeitpunkt 0 befindet sich der i-te Kopf auf der Startzelle".
(B0) Die aktive Relation ist B_2 (die für Leerzeichen auf dem Arbeitsband zuständige Relation) und $(a_1, \dots, a_{2r})$ codiert irgendeine Zelle des Arbeitsbandes zum Zeitpunkt 0.
(Z0) Die aktive Relation ist Z_1 (die für den Startzustand zuständige Relation) und $(a_1, \dots, a_{2r})$ codiert den Zeitpunkt 0.
(L0) Die aktive Relation ist L und $(a_1, \dots, a_{2r})$ codiert den Zeitpunkt 0.

Diese Bedingungen sorgen dafür, dass der Start der Berechnung von M korrekt beschrieben wird. Als nächstes widmen wir uns dem Verlauf der Berechnung. Die Formel φ soll auf ein Tupel $(a_0, \dots, a_{2r})$ zutreffen, wenn eine der folgenden Bedingungen gilt:

(H1) Die aktive Relation ist H_i, $(a_1, \dots, a_{2r})$ codiert einen Zeitpunkt $t > 0$ und eine Kopfposition k, L trifft auf $t-1$ zu (d. h., die Maschine hat bereits bis zum Zeitpunkt $t-1$ gerechnet) und die Kopfposition k wird in der Berechnung von M von der durch R codierten Konfiguration der Maschine zum Zeitpunkt $t-1$ aus erreicht.
(B1) Die aktive Relation ist B_i, $(a_1, \dots, a_{2r})$ codiert einen Zeitpunkt $t > 0$ und eine Zelle k, L trifft auf $t-1$ zu und das von B_i beschriebene Zeichen (0, 1 oder Leerzeichen) befindet sich, nachdem die Maschine von der in R codierten Konfiguration zum Zeitpunkt $t-1$ aus einen Schritt weiter gerechnet hat, in der k-ten Zelle des Arbeitsbandes.
(Z1) Die aktive Relation ist Z_i, $(a_1, \dots, a_{2r})$ codiert einen Zeitpunkt $t > 0$, L trifft auf $t-1$ zu und Z_i ist der Zustand, der von der in R codierten Konfiguration zum Zeitpunkt $t-1$ aus erreicht wird.

(L1) Die aktive Relation ist L, $(a_1, \ldots, a_{2r})$ codiert einen Zeitpunkt $t > 0$ und L trifft auf $t - 1$ zu.

Längeres Hinsehen zeigt, dass φ R-positiv ist und dass LFP(φ) genau eine korrekte Berechnung von M codiert. Damit lässt sich die Klasse K axiomatisieren durch die Aussage „es gibt einen Zeitpunkt t, so dass sich die Maschine in der durch LFP(φ) codierten Berechnung zum Zeitpunkt t im akzeptierenden Zustand befindet". □

Lemma 7.7 und Lemma 7.8 liefern sofort

Korollar 7.9 Eine Klasse geordneter endlicher Strukturen über einem Vokabular ohne Funktionssymbole liegt genau dann in P, wenn sie Modellklasse einer LFP-Aussage ist.

Literatur

1. Ebbinghaus, Heinz-Dieter; Flum, Jörg; Thomas, Wolfgang; **Einführung in die mathematische Logik, 6. überarbeitete und erweiterte Auflage** (German), Berlin: Springer Spektrum. ix, 366 p. (2018).
2. Ebbinghaus, Heinz-Dieter; Flum, Jörg; **Finite model theory, 2nd rev. and enlarged ed.**, Perspectives in Mathematical Logic. Berlin: Springer. xiii, 360 p. (1999).
3. Libkin, Leonid; **Elements of finite model theory**, Texts in Theoretical Computer Science. An EATCS Series. Berlin: Springer. xiv, 315 p. (2004).
4. Sipser, Michael; **Introduction to the theory of computation, second edition**, Boston, MA: Thompson. xvii, 437 p. (2006).

© Der/die Herausgeber bzw. der/die Autor(en), exklusiv lizenziert an Springer-Verlag GmbH, DE, ein Teil von Springer Nature 2023

S. Geschke, *Endliche Modelltheorie*, https://doi.org/10.1007/978-3-662-68322-4

Stichwortverzeichnis

© Der/die Herausgeber bzw. der/die Autor(en), exklusiv lizenziert an Springer-Verlag GmbH, DE, ein Teil von Springer Nature 2023
S. Geschke, *Endliche Modelltheorie*, https://doi.org/10.1007/978-3-662-68322-4

Printed in the United States
by Baker & Taylor Publisher Services